> Die Energiewende finanzierbar gestalten

Effiziente Ordnungspolitik für das Energiesystem der Zukunft

acatech (Hrsg.)

acatech POSITION
September 2012

DEUTSCHE AKADEMIE DER
TECHNIKWISSENSCHAFTEN

Herausgeber:
acatech – Deutsche Akademie der Technikwissenschaften, 2012

Geschäftsstelle	Hauptstadtbüro	Brüssel-Büro
Residenz München	Unter den Linden 14	Rue du Commerce / Handelsstraat 31
Hofgartenstraße 2	10117 Berlin	1000 Brüssel
80539 München		Belgien

T +49 (0) 89 / 5 20 30 90   T +49 (0) 30 / 2 06 30 96 10   T + 32 (0) 2 / 5 04 60 60
F +49 (0) 89 / 5 20 30 99   F +49 (0) 30 / 2 06 30 96 11   F + 32 (0) 2 / 5 04 60 69

E-Mail: info@acatech.de
Internet: www.acatech.de

Empfohlene Zitierweise:
acatech (Hrsg.): *Die Energiewende finanzierbar gestalten. Effiziente Ordnungspolitik für das Energiesystem der Zukunft* (acatech POSITION), Heidelberg u.a.: Springer Verlag 2012.

ISSN: 2192-6166 / ISBN 978-3-642-33054-4 / ISBN 978-3-642-33055-1 (eBook)
DOI: 10.1007/978-3-642-33055-1

Bibliografische Information der Deutschen Nationalbibliothek
Die Deutsche Nationalbibliothek verzeichnet diese Publikation in der Deutschen Nationalbibliografie;
detaillierte bibliografische Daten sind im Internet unter http://dnb.d-nb.de abrufbar.

Springer Vieweg
© Springer-Verlag Berlin Heidelberg 2012

Koordination: Dr. Thomas Lange
Redaktion: Linda Tönskötter
Layout-Konzeption: acatech
Konvertierung und Satz: Fraunhofer-Institut für Intelligente Analyse- und Informationssysteme IAIS, Sankt Augustin

Gedruckt auf säurefreiem Papier

Springer Vieweg ist eine Marke von Springer DE. Springer DE ist Teil der Fachverlagsgruppe Springer Science+Business Media
www.springer-vieweg.de

> INHALT

KURZFASSUNG — 4

PROJEKT — 7

1 EINLEITUNG — 9

2 DIE ENERGIEWENDE — 12
  2.1 Politische Ziele — 12
  2.2 Technische Herausforderungen und Lösungsansätze — 13
  2.3 Analyse der Investitionsbedarfe — 15
  2.4 Status quo der Steuerung: EEG und EU-Emissionshandel — 20

3 ORDNUNGSPOLITISCHE INSTRUMENTE – NATIONAL, EUROPÄISCH, INTERNATIONAL — 23
  3.1 Elemente einer „Energiewendepolitik" in Deutschland — 23
    3.1.1 Die Förderung erneuerbarer Energien neu ausrichten — 24
    3.1.2 Regionale Kapazitätsabdeckung sicherstellen — 30
    3.1.3 „Smart Grids" in den Verteilnetzen ermöglichen — 32
    3.1.4 Investoren das Engagement in der Energiewende ermöglichen — 33
    3.1.5 Ergebnisoffene Innovations- und Technologiepolitik betreiben — 35
  3.2 Einbettung der Energiewende in die EU-Energiepolitik — 35
    3.2.1 Den Emissionshandel stärken und ausbauen — 36
    3.2.2 Marktorientierte Förderung in der EU länderübergreifend verwirklichen — 36
    3.2.3 Die Rahmen- und Nebenbedingungen verbessern und harmonisieren — 37
  3.3 EU-ETS durch ein Fondsmodell schrittweise globalisieren — 38

4 FAZIT UND WICHTIGSTE HANDLUNGSEMPFEHLUNGEN — 41

LITERATUR — 42

KURZFASSUNG

Mit der Energiewende wurde in Deutschland ein energie-politischer Paradigmenwechsel angestoßen, denn bis zum Jahr 2050 strebt die Politik einen vollständigen Umbau des Systems der Energieversorgung an. Dabei sollen künftig die erneuerbaren Energien die Hauptlast der Stromerzeugung tragen. Dies kann nur durch umfassende Investitionen in den Ausbau der Erzeugungskapazitäten auf Basis erneuer-barer Energien, in Reservekapazitäten zur Gewährleistung der Versorgungssicherheit und in den Aufbau der Netz-infrastruktur gelingen. Diese gewaltige Herausforderung wird durch den wieder vorgezogenen Ausstieg aus der Kern-energie zusätzlich verschärft.

Über eine erfolgreiche Umsetzung der Energiewende werden letztlich zwei Dinge entscheiden: die Entwicklung geeigne-ter technischer Lösungen und die angemessene Ausgestal-tung der wirtschaftlichen Rahmenbedingungen. Die vor-liegende acatech POSITION betont, dass es in Deutschland einer grundlegenden energiepolitischen Wende bedarf, um die Energiewende finanzierbar und gesamtgesellschaftlich akzeptierbar zu realisieren. Der aktuelle Ordnungsrahmen und insbesondere das Erneuerbare-Energien-Gesetz (EEG) als zentrales Förderinstrument für Grünstromtechnologien setzen nicht die richtigen Investitions- und Innovations-anreize, um die vielfältigen *systemischen* Zusammenhänge auf dem Energiesektor adäquat zu berücksichtigen. Unko-ordinierte Einzelmaßnahmen verteuern unnötig die Ener-giewende und gefährden damit letztlich das gesamte Groß-vorhaben. Grundzüge eines konsistenten und langfristig tragbaren Ordnungsrahmens werden hier in Form konkreter Handlungsempfehlungen zur Diskussion gestellt.

Dimension der Herausforderung
Nach heutigem Wissensstand lassen sich lediglich grobe Bandbreiten für einzelne Kostenbestandteile des System-umbaus beziffern, die zudem als Untergrenze der möglichen finanziellen Herausforderungen zu betrachten sind. Allein für den Ausbau der erneuerbaren Energien, als größtem Einzelposten, ist demnach bis zum Jahr 2050 mindestens

mit einem Investitionsvolumen in der Größenordnung von 300 bis 500 Milliarden Euro zu rechnen.

Die tatsächliche finanzielle Dimension des Vorhabens Energiewende wird sich erst aus der Gesamtheit der (In-vestitions-)Entscheidungen der relevanten privaten und öffentlichen Akteure ergeben, die sich an den gesetzten Rahmenbedingungen orientieren. Viele technologische, wirtschaftliche und politische Entwicklungen, die großen Einfluss auf den Verlauf der Kosten und Erträge der Energie-wende haben werden, sind heute noch kaum prognostizier-bar. Hinzu kommt, dass die Ziele des Energiekonzepts der Bundesregierung nicht erkennbar aus einem konsistenten Zielsystem abgeleitet sind und politische Prioritäten bei ei-nigen wichtigen Zielkonflikten nicht eindeutig geklärt wur-den. Auf dieser Basis kann kein verlässlicher Umsetzungs-pfad für die Energiewende entwickelt werden.

Da die dringend benötigte breite Akzeptanz bei Bürgern und Unternehmen für die Energiewende entscheidend von ihrer Kostenentwicklung bestimmt sein wird, muss die Po-litik der Wirtschaftlichkeit energiepolitischer Instrumente eine größere Priorität einräumen als bisher. Mangelndes Kostenbewusstsein der Politik ist dabei keine lässliche Sünde. Denn selbst im besten Falle wird die Energiewende große Anstrengungen erfordern und erhebliche Kosten aufwerfen. Darüber hinaus werden energiepolitische Ent-scheidungen aufgrund ihrer hohen Bindungswirkung die Volkswirtschaft im Falle von Fehlentwicklungen langfristig belasten. Wenn versäumt werden sollte, die Umsetzung der Energiewende kosteneffizient auszugestalten, dann könn-ten die Kosten bis über einen kritischen Wendepunkt stei-gen, bei dem die Akzeptanz gänzlich verloren geht, und die Energiewende würde scheitern.

Mit einer Neuausrichtung der Ordnungspolitik die Energiewende finanzierbar gestalten
Ein neu auszurichtendes Förderinstrumentarium muss mittels geeigneter Investitions- und Innovationsanreize

einen möglichst kosteneffizienten Ausbau sowie vor allem auch die technische und wirtschaftliche *Integration* der Erneuerbaren in das Energiesystem vorantreiben. Dabei ist auch zu klären, ob der Anteil erneuerbaren Stroms auf kurze bis mittlere Sicht selbst dann gesteigert werden soll, wenn dies damit einhergeht, dass dadurch – wie aktuell beim Instrument des EEG – die angestrebten CO_2-Vermeidungsziele nur zu deutlich höheren Kosten als nötig erreicht werden.

Während die eigentliche Energiewende bis zum Jahr 2050 vollzogen sein muss, und somit durchaus eine gewisse Flexibilität bezüglich der Geschwindigkeit der Umsetzung vorhanden ist, besteht jetzt bereits erheblicher Handlungsbedarf für eine energiepolitische Wende. Dabei sind sowohl eine Abstimmung der nationalen Maßnahmen auf europäischer Ebene als auch die Einbettung der Energiewende in die internationale Strategie für die globale Klimapolitik von zentraler Bedeutung für den Erfolg. Denn nur wenn eine international koordinierte Absenkung der Treibhausgasemissionen gelingt, wird die Energiewende auch einen effektiven Beitrag zur Erreichung der globalen Klimaschutzziele leisten.

Jetzt den Grundstein für ein effizientes Energiesystem der Zukunft legen

Auf Basis ökonomischer und technikwissenschaftlicher Erkenntnisse lassen sich einige wesentliche Eckpfeiler einer effizienten Ordnungspolitik für den Elektrizitätssektor ableiten. acatech empfiehlt der Politik insbesondere,

1. den Handel von Emissionsrechten (EU Emissions Trading Scheme, EU-ETS) als Leitsystem der Förderung einer kohlenstoffärmeren Energieversorgung in Europa zu stärken und mittels einer Erweiterung über den Stromsektor hinaus weiter auszubauen.

2. zu klären, nicht zuletzt mit Blick auf die zeitliche Priorisierung des Kapazitätsausbaus, ob eine bestimmte Quote erneuerbaren Stroms tatsächlich ein eigen-

ständiges politisches Ziel ist, oder ob die Einspeisung erneuerbaren Stroms ausschließlich ein Instrument darstellt, um die CO_2-Vermeidungsziele zu erreichen.

3. das EEG als nationales Förderinstrument der erneuerbaren Energien schnellstmöglich durch eine langfristig definierte, marktbasierte Förderung zu ersetzen, beispielsweise in Form einer Mengensteuerung mit Grünstromzertifikaten (Quotenmodell) oder anderer marktbasierter Ansätze. So wird einerseits eine effizientere Systemintegration der erneuerbaren Energien vorangetrieben, und andererseits sichergestellt, dass zum richtigen Zeitpunkt in die richtigen Technologien an den richtigen Standorten investiert wird.

4. die in der Erneuerbare-Energien-Richtlinie geschaffenen Kooperationsmöglichkeiten im Rahmen der EU zu nutzen, um diese neue marktbasierte Förderung in einem wachsenden Verbund mehrerer Länder sukzessive auf europäischer Ebene zu verwirklichen und zu vereinheitlichen.

5. dringend die bestehenden Mechanismen zur Verlagerung von Kraftwerkseinspeisungen im Fall von kurzfristig auftretenden Netzengpässen (Redispatch) zu verbessern, um hinreichende Anreize für die Bereitstellung gesicherter Kraftwerkskapazitäten auf regionaler Ebene zu gewährleisten. So wird möglicherweise drohenden Versorgungsengpässen in bestimmten Regionen Deutschlands vorgebeugt.

6. darüber hinaus die kommenden zwei bis drei Jahre zu nutzen, um die Vor- und Nachteile der Einführung eines Kapazitätsmechanismus auf nationaler Ebene sorgfältig zu prüfen, mit dem die zu erwartenden zunehmenden Preisspitzen im Stromgroßhandelsmarkt geglättet und somit gegebenenfalls zuverlässigere Preissignale für die Investition in neue Kraftwerkskapazitäten geliefert werden können.

7. hohe Aufmerksamkeit auf den raschen Ausbau der Stromnetze zu legen und durch eine Überarbeitung des Ordnungsrahmens an der Schnittstelle von Erzeugung und Netz gleichzeitig die Grundlagen dafür zu schaffen, dass sogenannte „Smart Grids" insbesondere im Bereich der Verteilnetze entstehen können, um die zunehmend fluktuierende und verteilte Einspeisung der erneuerbaren Energien besser integrieren zu können.

8. auf europäischer Ebene die Forschung zu den Grundlagen von Energieeffizienztechnologien sowie der kohlenstofffreien Gewinnung von Energie voranzutreiben.

9. die nationalen Maßnahmen im Rahmen der Energiewende in die deutsche und europäische Verhandlungsstrategie auf Ebene der globalen Klimaschutzbemühungen einzubetten und den EU-Emissionsrechtehandel durch Transferleistungen und Seitenzahlungen an Entwicklungs- und Schwellenländer mittels eines Fondsmodells schrittweise zu internationalisieren, um einen nachhaltigen Erfolg bei der globalen Bekämpfung des Klimaproblems zu ermöglichen.

PROJEKT

> PROJEKTLEITUNG

Prof. Dr. Christoph M. Schmidt, Rheinisch-Westfälisches Institut für Wirtschaftsforschung (RWI), acatech

> PROJEKTGRUPPE

- Prof. Dr. Dr. h.c. Hans-Jürgen Appelrath, Universität Oldenburg, OFFIS e. V., acatech
- Prof. Dr. Marc Oliver Bettzüge, Energiewirtschaftliches Institut an der Universität zu Köln (EWI)
- Prof. Dr. Ottmar Edenhofer, Potsdam Institut für Klima-folgenforschung (PIK)
- Prof. Dr. Justus Haucap, Universität Düsseldorf
- Dr. Brigitte Knopf, Potsdam Institut für Klimafolgen-forschung (PIK)
- Dr. Christoph Mayer, OFFIS e. V.
- Nils aus dem Moore, Rheinisch-Westfälisches Institut für Wirtschaftsforschung (RWI)
- Prof. Dr.-Ing. Alfred Voß, Universität Stuttgart, acatech
- Prof. Dr. Joachim Weimann, Universität Magdeburg

> REVIEWER

- Prof. Dr. Eberhard Umbach, Karlsruher Institut für Technologie (KIT), acatech Präsidiumsmitglied (Leitung der Review-Gruppe)
- Prof. Dr. Martin Faulstich, Sachverständigenrat für Umweltfragen
- Prof. Dr.-Ing. Albert Moser, RWTH Aachen
- Prof. Dr. Till Requate, Universität Kiel
- Prof. Dr. Christoph Weber, Universität Duisburg-Essen

acatech dankt den externen Fachgutachtern. Die Inhalte der vorliegenden Position liegen in der alleinigen Verant-wortung von acatech.

> PROJEKTKOORDINATION

Dr. Thomas Lange, acatech Geschäftsstelle

> PROJEKTVERLAUF

Projektlaufzeit: 03/2012 - 06/2012

Diese acatech POSITION wurde im Juli 2012 durch das acatech Präsidium syndiziert.

An der Kommentierung eines ersten Textentwurfs bezie-hungsweise einer gemeinsamen Diskussion mit der Projekt-gruppe im Rahmen eines acatech Workshops am 22. Mai 2012 in Berlin beteiligten sich

- Dr. Josef Auer, DB Research
- Julia Böhm, Deutsche Telekom AG
- Dr. Andreas Cerbe, RheinEnergie AG
- Ulf Gehrckens, Aurubis AG
- Christian Hein, Aurubis AG
- Dr. Jörg Hermsmeier, EWE AG
- Felix Holz, Deutsche Bank AG
- Dr. Brigitta Huckestein, BASF SE
- Katharina Latif, Allianz SE
- Prof. Dr. Andreas Löschel, Zentrum für Europäische Wirtschaftsforschung (ZEW)
- Dr. Bernd Mattiske, ZF Friedrichshafen AG
- Dr. Matthias Müller-Mienack, 50Hertz Transmission GmbH
- Dietrich Neumann, A.T. Kearney GmbH
- Philipp Nießen, Bundesverband der Deutschen Industrie e. V. (BDI)
- Kurt Oswald, A.T. Kearney GmbH
- Prof. Dr. Christian Rehtanz, Technische Universität Dortmund
- Dr. Niko Reuß, MAN Diesel & Turbo SE

- Dr. Eberhard von Rottenburg, Bundesverband der Deutschen Industrie e. V. (BDI)
- Sabine Schlüter-Mayr, MunichRe AG
- Matthias Smolne, Deutsche Bahn AG
- Dr. Jens Traupe, Salzgitter AG
- Graham Weale, RWE AG
- Dr. Wolfgang Weber, BASF SE

acatech dankt allen Diskutanten sehr herzlich für ihren Beitrag.

> FINANZIERUNG

acatech dankt dem acatech Förderverein für seine Unterstützung.

1 EINLEITUNG

Herausforderung Energiewende

Das im September 2010 von der Bundesregierung beschlossene Energiekonzept schreibt klimapolitische Ziele, Ausbauziele für die erneuerbaren Energien und Energieeffizienzziele zunächst bis zum Jahr 2020, aber auch weit darüber hinaus bis zum Jahr 2050 fort. Im Ergebnis erfordern diese Zielvorgaben einen vollständigen Umbau des Systems der Energieversorgung. Bis zum Jahr 2050 werden demnach die erneuerbaren Energien den Hauptanteil der Stromerzeugung in Deutschland übernehmen. Die Zielvorgaben erzwingen erhebliche Anstrengungen der Akteure auf dem Energiemarkt. Dabei ist nicht nur die Lösung technischer, sondern auch und vor allem wirtschaftlicher Herausforderungen erforderlich. Denn die benötigten massiven Investitionen in neue Anlagen und Energieinfrastrukturen müssen vordringlich von privaten Akteuren geplant, entschieden und umgesetzt werden.

Im Juni 2011 beschloss die Bundesregierung darüber hinaus unter dem Eindruck der Atomkatastrophe von Fukushima den Atomausstieg und beschleunigte damit diese Energiewende. Die Zielvorgaben des Energiekonzepts wurden dabei zwar beibehalten, die im Jahr 2010 beschlossene Verlängerung der Laufzeiten der deutschen Atomkraftwerke wurde jedoch umfassend zurückgenommen und somit im Wesentlichen der vormals beschlossene Ausstiegspfad wiederhergestellt. Der Atomausstieg ist somit lediglich ein Teil der Energiewende, wenngleich er deren Herausforderungen an Wirtschaft und Gesellschaft noch zuspitzt und sie so ins Bewusstsein der Öffentlichkeit gerückt hat.

Zur Versachlichung der mittlerweile emotional stark aufgeladenen Debatte diskutiert die vorliegende acatech POSITION im Sinne einer *ad hoc*-Stellungnahme die volkswirtschaftliche Finanzierbarkeit der Energiewende auf Basis technikwissenschaftlicher und ökonomischer Erkenntnisse und legt einige grundlegende Handlungsempfehlungen vor.

Das Fehlen eines konsistenten Zielsystems erschwert die Analyse

Mittlerweile werden mögliche Wege zur Finanzierung der Energiewende, aber angesichts der gewaltigen Größenordnungen und des bislang schleppenden Fortschritts auch die Frage ihrer grundlegenden Finanzierbarkeit, intensiv diskutiert. Dabei werden zwar die drei zentralen Aspekte der Kosten, welche die Energiewende aufwirft, angesprochen: (i) der massive Ausbau der Stromerzeugungskapazitäten auf der Basis erneuerbarer Energien, (ii) der umfassende Aufbau von hinreichenden Reservekapazitäten und (iii) die Integration der Erneuerbaren in das System der Energieversorgung. Doch fehlt der Diskussion typischerweise eine umfassende Systemperspektive.

Insbesondere beklagt die Mehrzahl der Kommentatoren aus Wirtschaft und Wissenschaft das Fehlen eines übergreifenden Projektmanagements, an dem sich die einzelnen Akteure in ihren (Investitions-)Entscheidungen orientieren können. Schließlich sind diese Entscheidungen in einer Situation zu treffen, in der sowohl bei der Vorhersage der Nachfrage als auch bei der Vorausschau der technischen Entwicklungen auf der Angebotsseite des Marktes erhebliche Unsicherheiten bestehen. Doch zum gegenwärtigen Zeitpunkt kann es ein derartiges übergreifendes Projektmanagement im Grunde noch gar nicht geben.

Denn die Vorgaben des Energiekonzepts stellen eine Mischung aus klimapolitischen Zielvorgaben (Emissionsreduktion) und energiepolitischen Zielvorgaben (Ausbau der erneuerbaren Energien und Steigerung der Energieeffizienz) dar, bei der nicht geklärt ist, ob sie konsistent aus einem übergreifenden Zielsystem abgeleitet wurden und wie sich die einzelnen Zielvorgaben zueinander verhalten sollen. Sollte es in der Hauptsache um das Ziel eines effektiven Klimaschutzes gehen, dann wären die energiepolitischen Zielvorgaben lediglich als *Instrumente* und damit in der politischen Prioritätensetzung als nachrangig zu betrachten; andernfalls bestünde die Gefahr, dass die Vorgabe eines *konkreten* Energiemix als bindende Nebenbedingung die kostengünstigste Lösung zur Einhaltung des CO_2-Reduktionsziels verhindert.

Sollte der Ausbau der erneuerbaren Energien stattdessen ein eigenständiges und prinzipiell gleichrangiges Ziel darstellen, würde dies klare Aussagen darüber erfordern, welche Prioritäten zwischen den Zielen zu setzen sind und wie gegebenenfalls entstehende Zielkonflikte aufzulösen wären. Insbesondere könnte es – was aber hier nicht abschließend diskutiert werden kann – aus klimapolitischen Gesichtspunkten zielführend sein, zunächst andere Maßnahmen der Emissionsminderung zu forcieren und langsamer auf die Erneuerbaren umzusteigen, als es im Energiekonzept vorgesehen ist. Die Politik muss sich daher dringend Klarheit über ihr energie- und klimapolitisches Zielsystem und die dabei auftretenden Abwägungsprobleme verschaffen. Die Ergebnisse dieses Prozesses müssen klar kommuniziert und zur gesellschaftlichen Diskussion gestellt werden.

Im Hinblick auf die Umsetzung der Energiewende und die mit ihr verbundenen Kosten hat diese Unklarheit eine sehr praktische Konsequenz: Weder ist es möglich, einen eindeutigen Pfad zum Erreichen der Zielvorgaben zu definieren, noch wird es aus wirtschaftswissenschaftlicher Sicht möglich sein, die Energiewende mit einem „Preisschild" zu versehen und die Kosten ähnlich verlässlich abzuschätzen, wie es etwa bei komplexen Investitionsprojekten von Unternehmen regelmäßig erfolgt. Nichtsdestoweniger zeigt eine Übersicht über bestehende Simulationsstudien, dass bei allen erheblichen Unsicherheiten in jedem Falle Investitionen in einer Größenordnung eines dreistelligen Euro-Milliardenbetrags nötig sein werden. Angesichts der Unklarheiten über das Zielsystem dürften alle bisherigen Prognosen jedoch eher eine Untergrenze der zu erwartenden Kosten der Energiewende darstellen.

Die Umsetzung der Energiewende erfordert eine Neuausrichtung der politischen Instrumente

Weder die weiteren klima- und energiepolitischen Weichenstellungen noch die (Investitions-)Entscheidungen der Akteure auf den diversen Märkten werden auf die Festlegung eines konsistenten Zielsystems warten können, so dringend sie anzumahnen ist. Stattdessen wird im Rahmen dieser Position zum Zwecke der Abwägungen der möglichen Kosten der Energiewende die bestehende Mischung aus Klimazielen und Ausbauzielen als gedanklicher Ausgangspunkt gewählt und die Frage gestellt, unter welchen Bedingungen die Kosten der Energiewende zumindest beherrscht werden können.

Angesichts zunehmend sichtbarer Schwachstellen des bestehenden Instrumentariums zur Umsetzung ihrer eigenen Zielvorgaben ist es jedenfalls bedenklich, dass die Politik dessen Grundkonzeption nicht kritisch infrage stellt. Obschon das aktuelle Zielsystem und der Atomausstieg die Herausforderungen erheblich gesteigert haben, wird weder diskutiert, wie die konkrete Ausgestaltung des europäischen Handelssystems für Klimagasemissionen (EU Emissions Trading Scheme, EU-ETS) verbessert werden kann, noch wird mehr als eine inkrementelle Anpassung des deutschen Erneuerbaren-Energien-Gesetzes (EEG) zur Diskussion gestellt. Dabei wird die breite Akzeptanz der Bevölkerung für die Energiewende schwinden, sollten aufgrund des zunehmend ungeeigneten Zuschnitts der politischen Steuerungsinstrumente die Kosten der Energiewende aus dem Ruder laufen.

Aus Sicht von acatech stellt daher ein effizienter ordnungspolitischer Rahmen, der privaten Akteuren sinnvolle Investitionsentscheidungen ermöglicht, die Grundvoraussetzung für das Gelingen der Energiewende dar. Angesichts der enormen Komplexität des Vorhabens und der damit verbundenen Unsicherheiten darf dabei die Systemebene nie aus dem Auge verloren werden. Daher sollte die Politik bei der Rahmensetzung für privates Handeln eine übergreifende Perspektive einnehmen und bei den Investitionsentscheidungen im Detail dezentralen Entscheidungen auf der Grundlage wettbewerblicher Strukturen den Vorzug vor staatlicher Planung geben. Wettbewerb schafft die notwendige Anreizkompatibilität und dezentrale Entscheidungen gewährleisten, dass Informationen, die dezentral vorhanden und zentraler Planung nicht zugänglich sind, verwendet werden, um die jeweils kostengünstigsten Lösungen im Zuge eines Wettbewerbsverfahrens aufzuspüren.

Die vorliegende Position spricht zunächst die nationale Perspektive an. Hier wird es nötig sein, einen grundlegenden Wechsel auf ein Fördersystem für erneuerbare Erzeugungskapazitäten zu vollziehen, dessen Kostenentwicklung gezielter beherrscht werden kann und das die wirtschaftliche Systemintegration der erneuerbaren Energien vorantreibt. Zudem sind die Bereitstellung von konventionellen Reservekapazitäten zu sichern und der Aufbau eines intelligenten Netzes zur Integration zunehmend volatiler und dezentraler Erzeugungsleistungen zu ermöglichen.

Diese nationalen Weichenstellungen sind zwingend in eine europäische Perspektive einzubetten, indem insbesondere das bereits etablierte Instrument des EU-ETS konsequent weiterentwickelt und die neu konzeptionierte Förderung erneuerbarer Erzeugungskapazitäten grenzüberschreitend aufgestellt werden. Schließlich gilt es anzuerkennen, dass der Klimawandel ein globales Problem ist und Maßnahmen zur Förderung einer effektiven globalen Klimapolitik ergriffen werden müssen.

Aufbau und Abgrenzung der Position

Die Position gibt zunächst in Kapitel 2 einen Überblick über aktuelle Energieszenarien, nennt Anhaltspunkte für die im Zusammenhang mit der Energiewende entstehenden Investitionsbedarfe und diskutiert kritisch die bestehenden politischen Instrumente zur Förderung der Energiewende. Kapitel 3 stellt Eckpunkte eines aus ordnungspolitischer Sicht zielführenderen Förderinstrumentariums dar, bei dem

eine technologieoffene Ausrichtung und die Möglichkeit zur internationalen Koordination der Förderung bestehen.

Im Mittelpunkt steht dabei auf nationaler Ebene eine stärker marktbasierte Förderung des Ausbaus der Erneuerbaren, illustriert anhand des Beispiels einer Mengensteuerung mit Grünstromzertifikaten in einem sogenannten Quotenmodell. Zudem wird dargelegt, wie der EU-ETS weiter ausgebaut und die marktorientierte Förderung auf europäischer Ebene verzahnt werden kann. Das Kapitel schließt mit einem Ausblick auf die künftige Einbettung der Anstrengungen zur Energiewende in Deutschland in eine globale klimapolitische Strategie im Rahmen eines sogenannten Fondsmodells. Kapitel 4 fasst die konkreten Handlungsempfehlungen noch einmal zusammen.

In dieser Position kann lediglich auf wesentliche Eckpfeiler der nationalen und europäischen Energie- und Klimapolitik, nicht aber auf Detailregelungen für einzelne Märkte beziehungsweise Finanzierungsprojekte eingegangen werden. Darüber hinaus fokussiert die Position auf die Entwicklungen auf dem *Elektrizitäts*markt und lässt somit große und wichtige Bereiche außen vor, etwa Wärme und Verkehr, die ebenfalls im Rahmen der Energiewende zu berücksichtigen sind und die Frage nach deren Erfolg oder Misserfolg erheblich prägen werden. Dreh- und Angelpunkt der mit der Energiewende verbundenen Umgestaltungen des Energiesystems ist jedoch fraglos der Elektrizitätssektor, nicht zuletzt aufgrund des hohen Anteils der Stromerzeugung an den gesamten Treibhausgasemissionen und der zentralen Rolle von Strom für das reibungslose Funktionieren nahezu aller Wirtschaftsbereiche. Die Analyse der Schnittstellen zu anderen Teilsystemen und entsprechender Interdependenzen wird sicherlich noch ein wichtiger Bestandteil der weiteren Begleitforschung zur Energiewende werden. Die Handlungsempfehlungen dieser Position für den fokussierten Teilausschnitt bleiben durch eine Erweiterung im Kern jedoch unberührt.

2 DIE ENERGIEWENDE

2.1 POLITISCHE ZIELE

Die deutsche „Energiewende" formuliert politisch motivierte Zielvorgaben für die Entwicklung der Struktur der deutschen Energieversorgung bis zum Jahr 2050. Hierzu zählen insbesondere Zielwerte für die Reduktion der Treibhausgase sowie die Verminderung des Energieverbrauchs. Darüber hinaus wurde festgelegt, dass sich die Struktur des Energiemix wesentlich ändern soll. So sollen die Treibhausgasemissionen bis zum Jahr 2020 um 40 Prozent und bis zum Jahr 2050 um 95 Prozent sinken (jeweils gegenüber dem Jahr 1990), der Primärenergieverbrauch in den gleichen Fristen um 20 Prozent beziehungsweise 50 Prozent vermindert werden. Als wesentliche Veränderungen des Energiemix wurde die Rückführung des Anteils der Kernenergie auf 0 Prozent bis zum Jahr 2022 sowie die Erhöhung des Anteils der erneuerbaren Energien am Primärenergieverbrauch auf 18 Prozent bis zum Jahr 2020 und auf 60 Prozent bis zum Jahr 2050 festgelegt.

Für den im Folgenden näher betrachteten Bereich der Elektrizitätswirtschaft wurden noch weitere Unterziele definiert. So soll insbesondere der Stromverbrauch bis zum Jahr 2020 um 10 Prozent und bis zum Jahr 2050 um 25 Prozent sinken (jeweils gegenüber dem Jahr 2008), und gleichzeitig sollen die erneuerbaren Energien ihren Anteil am Bruttostromverbrauch bis zum Jahr 2020 auf 35 Prozent und bis zum Jahr 2050 auf 80 Prozent steigern. Auch für die in dieser acatech POSITION nicht näher thematisierten Teilbereiche der Wirtschaft, die eine große Rolle für die Energiewende spielen - etwa Mobilität und Logistik, Wärme, Immobiliensektor - wurden entsprechende Unterziele bestimmt, beispielsweise für Maßnahmen im Bereich der Gebäudesanierung. Da im Stromsystem akuter Handlungsbedarf vorliegt und die Risiken teurer Fehlentscheidungen und der Gefährdung der Systemstabilität besonders schwerwiegend sind, konzentriert sich diese Position auf den Bereich der Elektrizitätsversorgung.

Neben den Zielen für Treibhausgasemissionen, Stromverbrauch und Struktur des Energiemix wurden eine Reihe weiterer Motive für die Energiewende angeführt, darunter die Abmilderung einer möglichen, zukünftigen Rohstoffknappheit und Steigerung der Unabhängigkeit von Importen fossiler Brennstoffe, die langfristig daraus resultierende Erhöhung der Versorgungssicherheit sowie die Erschließung lokaler Wertschöpfungspotenziale durch den Ausbau der erneuerbaren Energien und der damit verbundenen Infrastruktur. Neben Klimaverträglichkeit und Versorgungssicherheit wurde insbesondere auch das dritte Element des Zieldreiecks der Energiepolitik, die Wirtschaftlichkeit, angesprochen.

Konkret wurde dabei das Vorhaben benannt, dass die Kosten durch die Förderung der erneuerbaren Energien im Kontext der Energiewende den mittlerweile bereits erreichten Stand von 3,59 Eurocent pro Kilowattstunde nicht überschreiten werden. Diese Restriktion ist von fundamentaler Bedeutung: Natürlich ist Kosteneffizienz auch zu Recht ein Ziel an sich, um die Verschwendung knapper volkswirtschaftlicher Ressourcen zu verhindern. Sie ist im Kontext der Energiewende jedoch vor allem auch als ein Mittel zu sehen, um die zwingend notwendige Unterstützung von Wirtschaft und Bevölkerung für dieses Generationenprojekt nicht durch zu stark steigende Belastungen der Unternehmen und Haushalte zu verlieren.

Hinzu kommt, dass die über einen Zeitraum von mehreren Jahrzehnten zur Verfügung stehenden Ressourcen in erheblicher Weise von Ereignissen negativ beeinflusst werden können, die sich der deutschen Politik zumindest teilweise entziehen. Die Ausweitung der Banken- und Finanzkrise in den USA zur globalen Rezession in den Jahren 2008 bis 2010 und die sich nahtlos anschließende Staatsschuldenkrise in der Eurozone sind derzeit die markantesten Beispiele. Umso kosteneffizienter die Energiewende angegangen wird, umso größer wäre auch die Robustheit des Umsetzungsprozesses gegenüber derartigen makroökonomischen Schocks.

Nicht zuletzt besteht das Fundamentalziel der Energiewende ja nicht primär darin, einen spezifischen Energiemix zu verwirklichen oder eine bestimmte Technologie zu forcieren, sondern den international beispielgebenden Nachweis zu erbringen, dass eine Industrienation die zur Vermeidung eines irreversiblen Klimawandels notwendige Dekarbonisierung insbesondere der Stromerzeugung bewerkstelligen kann, ohne die berechtigen Ansprüche industrieller wie privater Verbraucher nach einer sicheren und wettbewerbsfähigen beziehungsweise bezahlbaren Energieversorgung zu verletzen.

2.2 TECHNISCHE HERAUSFORDERUNGEN UND LÖSUNGSANSÄTZE

Eine Analyse der für das Gelingen der Energiewende notwendigen ordnungspolitischen Instrumente muss die technischen Herausforderungen zum Ausgangspunkt nehmen. Nur wenn technische und ökonomisch-regulatorische Systemelemente konsistent aufeinander bezogen sind, kann die Verwirklichung technischer Anforderungen wie Klimaverträglichkeit, Systemstabilität und Versorgungssicherheit auf kosteneffiziente und damit letztlich demokratisch legitimierbare Weise erfolgen.

Entsprechend der bisherigen technischen Konfiguration des Energiesystems beruhen die energiewirtschaftlichen Rahmengesetze im Wesentlichen noch auf der Weltsicht, dass

- eine weitgehend in wenigen, großen und lastnahen Erzeugungseinheiten konzentrierte Stromversorgung vorliegt, während die dezentralen Erzeuger (Windkraft, Photovoltaik, Biomasse, Kraft-Wärme-Kopplung) eher ein peripherer Bestandteil und nicht das systembestimmende Element der Stromversorgung sind,
- kleinere Kunden nicht oder nur sehr eingeschränkt am Markt teilnehmen,

- der Stromfluss „von oben nach unten", also von den Einspeisern in die Übertragungsnetze und dann in die Verteilnetze, verläuft,
- die Verteilnetzbetreiber als Inhaber eines natürlichen Monopols im Wesentlichen über Kostendruck reguliert werden müssen und ansonsten die Pflicht und Möglichkeit haben, jede Art von Erzeugung und Verbrauch in annähernd jeder beliebigen Menge aufzunehmen, und
- die hohe Systemstabilität dabei ungefährdet garantiert ist.

Die Energiewende stellt jedes einzelne dieser fünf prägenden Merkmale des bisherigen Systems radikal infrage. Jedoch wird bisher versucht, die notwendigen Systemänderungen im technischen wie im ökonomisch-regulatorischen Bereich durch einzelne „Anbauten im alten Gebäude" zu bewerkstelligen. Dies führt dazu, dass diese Änderungen nicht ausreichend miteinander abgestimmt sind. Mit anderen Worten: Die Kombination eines forcierten Kapazitätsaufbaus von Windkraft und Photovoltaik (PV) mit einem großen Netzausbau schafft noch keine in sich stimmige Systemarchitektur. An dieser „Komplexitätsfalle" könnte die Energiewende scheitern.[1]

Neben einer Klärung der zu verfolgenden Ziele und ihrer Hierarchie besteht die wichtigste Herausforderung für die Politik daher darin, das Gesamtsystem zu verstehen und als Konsequenz den Umsetzungsprozess der Energiewende besser zu führen. Soll der Umbau des Versorgungssystems gelingen, dann müssen die bestehenden Wechselbeziehungen und Abhängigkeiten der Systemkomponenten untereinander sowie zwischen den vorhandenen und den noch entstehenden Akteuren ausreichend bekannt sein und neue Wechselwirkungen so eingeordnet werden, dass die geeigneten Regulierungs- oder Deregulierungsmaßnahmen getroffen werden können.

Die hohe Komplexität des Systems, die hochgradige und europaweite Vernetzung und die Berücksichtigung der

---

[1] Vgl. Appelrath et al. 2012.

zwingend zu gewährleistenden Systemstabilität verbieten dabei sowohl ein „Feintuning" durch den Staat als auch eine Vernachlässigung des europäischen Zusammenhangs, der sowohl in der technischen (Netze) als auch in der ökonomischen (Binnenmarkt) Dimension prägend ist.

Der größte Bruch zum bisherigen System besteht darin, dass im Laufe der Energiewende die fluktuierende Einspeisung von einer ergänzenden zur quantitativ dominierenden und damit systembestimmenden Erzeugungsart werden wird. Die fluktuierende Einspeisung ist jedoch wetterabhängig und kann daher zeitweise auch vollständig entfallen. Um dieser Herausforderung zu begegnen, sind verschiedene Optionen denkbar. Jede dieser Varianten benötigt zusätzlich einen umfangreichen Ausbau der Verteil- und Übertragungsnetze. Dabei sind in den Übertragungsnetzen vor allem Leitungen zu verstärken, während es in den Verteilnetzen überwiegend um die Ertüchtigung von Transformatorstationen geht. Insbesondere stehen die vier folgenden, sich wechselseitig ergänzenden Optionen, zur Verfügung:

(1) Zubau von Speichern und (Reserve-)Kraftwerken;
(2) Herstellung einer größeren Preisreagibilität des Angebots;
(3) Flexibilisierung der Nachfrage („Demand Side Management");
(4) Verstärkte europäische Marktintegration.

(1) Das System muss auch dann Strom bereitstellen, wenn die Sonne nicht scheint und der Wind nicht weht. Daher muss fluktuierend einspeisende Kapazität erneuerbarer Energien auch in einem zukünftigen System, das die Zielvorgaben der Energiewende erfüllt, noch mit thermischer Kapazität (Biomasse, Kohle, Gas) und Speicherkapazitäten abgesichert werden. Diese Absicherung würde heute und mittelfristig am günstigsten durch konventionelle thermische Kraftwerke erfolgen, insbesondere Gaskraftwerke. Speicherung von elektrischer Energie ist hingegen derzeit bis auf wenige Anwendungsbereiche noch deutlich unwirtschaftlich, und es besteht noch erheblicher Bedarf an Forschung und Entwicklung (FuE). Einzige Ausnahme sind Pumpspeicherkraftwerke, für deren Ausbau allerdings in Deutschland nur ein eingeschränktes Potenzial besteht. Darüber hinaus wird technologisch für saisonale Speicherung derzeit nur die Umwandlung von Strom in Wasserstoff oder Methan und die spätere Rückverstromung in Pilotprojekten erforscht. Dieser Prozess ist aber aufgrund der Wirkungsgradverluste noch weit von der Wirtschaftlichkeit entfernt.

In jedem Fall stellt sich bei der Finanzierung solcher Reservekapazität die Frage nach dem Marktmodell. Denn da diese Kraftwerke und Speicher nur mit vergleichsweise geringen Betriebsstunden laufen würden, müssten sie ihre Fixkosten in diesen wenigen Stunden mit vergleichsweise hohen Margen decken, die darüber hinaus umso höher ausfallen müssen, je schlechter die Einsatzzeiten über die Amortisationszeit der Investition hinweg planbar sind.

(2) Im Idealfall gäbe der aktuelle Marktpreis den Anbietern ein Signal, wann es sich besonders lohnt, Strom zu erzeugen und ins Netz einzuspeisen, und löste somit entsprechende Anpassungsreaktionen aus. Aus technischen Gründen ist dies bei PV- und Windkraftanlagen nicht der Fall – ihr Angebot ist preis-inelastisch. Eine Verbesserung der Prognosen für Wind- und Sonnenleistung könnte zwar die Hochfahrprozesse der Regelkraftwerke planbarer gestalten und sogar einen Teil des teuren Einsatzes von Regelenergie vermeiden. Bisher fehlen dafür jedoch entsprechende Anreize. Das Angebot der erneuerbaren Energien lässt sich national demnach nur flexibilisieren, wenn die Stromproduktion aus Windkraft und PV durch Biomasse ergänzt wird. Allerdings ist das Potenzial der Biomasse begrenzt.

Neben einigen technischen Herausforderungen auf der Anlagenseite sind auch systemische Fragestellungen wie die des Marktdesigns zu klären. Eine besondere Schwierigkeit stellt die Vermarktung kleiner Energiemengen dar. Diese kann nur gelingen, wenn sich kleine Erzeuger, unterstützt durch eine Vernetzung mithilfe von Informations- und Kommunikationsinfrastrukturen (IKT-Vernetzung), zu größeren Einheiten zusammenfassen lassen („virtuelle Kraftwerke").

(3) Industrie und große Verbraucher sind stets daran interessiert, ihren Energiebedarf zu optimieren. Dazu loten sie Effizienzvorteile und Möglichkeiten zur Lastverschiebung aus, solange die resultierenden Ersparnisse die eventuell in den Produktionsprozessen entstehenden Nachteile überkompensieren. Entsprechende Verträge sind bereits heute gängige Praxis. Es ist abzusehen, dass künftig weitere Effizienzpotenziale erschlossen werden dürften, wenn sie sich hinreichend kostengünstig heben lassen.

Hingegen wird heute und in naher Zukunft nur ein kleiner Anteil der Haushaltskunden seinen Verbrauch flexibilisieren können. Der Gesamtbeitrag aus allen Haushalten wird auch auf mittlere Sicht gering sein. Dennoch kann es sinnvoll sein, größere thermische Lasten, wie Wärmepumpen und große Kühlanlagen sowie zukünftig auch Elektrofahrzeuge, in eine entsprechende Steuerung mit einzubeziehen. Voraussetzung zur Nutzung dieses Potenzials sind kommunikativ angebundene Stromzähler („Smart Meter"). Damit solche Investitionen in die Flexibilisierung der Nachfrage erfolgen können, ist es unerlässlich, den Verbrauchern über den Stromgroßhandelsmarkt ein verlässliches Preissignal zur Verfügung zu stellen.

(4) Die Umsetzung der deutschen Energiewende kann im Kontext des europäischen Binnenmarktes für Strom wohl nicht sinnvoll darauf abzielen, innerhalb der deutschen Grenzen künftig vor allem Strom aus Erneuerbaren zu erzeugen und sich bei Versorgungsengpässen

auf die konventionellen Kraftwerke im Ausland zu verlassen. Jedoch erlaubt der Bau zusätzlicher Kuppel- und Transitleitungen eine engere Marktintegration und damit auch teilweise den Ausgleich von Fluktuationen der erneuerbaren Stromversorgung über große Entfernungen hinweg. Eine auf erneuerbarer und dezentraler Einspeisung beruhende Stromversorgung impliziert insofern weitere Stromtransporte und keinesfalls lokale Autarkie.

Die Frage, welche der vier oben genannten Optionen in welchem Umfang zum Tragen kommen sollte, kann sinnvoll nicht durch technische Experten oder staatliche Planer entschieden, sondern letztlich nur durch den Markt als Entdeckungsverfahren beantwortet werden. Aus heutiger Sicht müssen daher noch alle Optionen insbesondere auch auf Basis entsprechender Forschungsanstrengungen verfolgt werden.

2.3 ANALYSE DER INVESTITIONSBEDARFE

Wie hoch die mit der Energiewende verbundenen Kosten ausfallen werden, hängt maßgeblich von (Kosten-)Entwicklungen der einzelnen Technologien, dem Abbau von nicht-ökonomischen Hemmnissen bei Netzausbau und Kraftwerksbauten, der Entwicklung der Stromnachfrage sowie nicht zuletzt von der Ausgestaltung der ordnungspolitischen Rahmenbedingungen für die mit der Energiewende verbundenen Investitionen ab. Da diese Parameter naturgemäß großen Unsicherheiten – vor allem technologischen und politischen Risiken – unterliegen, ist es äußerst schwierig, die mit der Energiewende verbundenen Kosten und Investitionen vorausschauend zu quantifizieren.

Vor der folgenden Darstellung konkreter Szenarien und der darin jeweils abgeschätzten Kosten beziehungsweise Investitionsbedarfe soll zunächst auf Einschränkungen hingewiesen werden, denen alle im Folgenden aufgeführten Studien unterliegen. Alle Studien haben den Charakter einer „Blaupause", da technische Szenarien in einem normativen Sinne entwickelt werden, um zu zeigen, mit welchen Investitionsmaßnahmen die politisch gewünschten Ziele für die Struktur der Energieversorgung erreicht werden können. Die Robustheit der Szenarien wird jedoch nicht oder nur sehr selektiv überprüft. Somit ist weitgehend unklar, wie sensitiv die Ergebnisse auf unterschiedliche Grade der Erfüllung zentraler Annahmen reagieren, alternative Politikinstrumente werden ebenfalls nicht berücksichtigt.

Obwohl die vorliegenden Studien nur eingeschränkt vergleichbar sind, beruhen sie aus technisch-ökonomischer Sicht jedoch weitestgehend auf folgenden vier wesentlichen Annahmen:

— *Erstens* wird von wichtigen technischen Parametern - insbesondere im Netzbereich - regelmäßig abstrahiert, wenngleich in unterschiedlichem Umfang. Diese Limitierungen müssen bei der politischen Bewertung der Realisierbarkeit der Szenarien sowie ihrer ausgewiesenen Kosten und Investitionsbedarfe in Anschlag gebracht werden.

— *Zweitens* wird davon ausgegangen, dass die Netzinfrastruktur in erheblichem Maße sowohl innerhalb Deutschlands als auch grenzüberschreitend ausgebaut wird und keine nicht-ökonomischen Hemmnisse, wie zum Beispiel mangelnde Akzeptanz in der Bevölkerung, vorliegen.

— *Drittens* basieren alle Studien auf aus Sicht der Autoren dieser acatech POSITION sehr optimistischen Annahmen für die künftigen Kostenverläufe der erneuerbaren Energien, welche insbesondere die Investitionsvolumina maßgeblich mitbestimmen. Zudem werden in allen Studien große Teile der Stromversorgung über Offshore-Windenergie realisiert. Angesichts mangelnder Erfahrungen sowie gegenwärtiger Schwierigkeiten beim Erzielen von Kostenreduktionen und beim Netzanschluss

sind die umfangreiche Bereitstellung von Strom aus Offshore-Windanlagen - insbesondere in der kurzen Frist - jedoch als unsicher zu bewerten.

— *Viertens* unterstellen normative Studien letztlich implizit, dass ein zentraler Planer die notwendigen Investitionsmaßnahmen beschließen, ungehindert durchführen und finanzieren kann. Dass in der Realität vielfältige Hindernisse bestehen, wenn ein politischer Wille in das konkrete (Investitions-)Verhalten von Verbrauchern und Unternehmen überführt werden soll, wird vollständig ausgeblendet.

Vor dem Hintergrund dieser geteilten und optimistischen Annahmen - und wegen des bekannten „optimistic bias" von normativen Technologieszenarien - sind alle vorhandenen Kostenschätzungen für die Energiewende als „best case"-Szenarien anzusehen.

Studien mit dem Fokus einer deutschlandspezifischen Energiepolitik

Die Bundesregierung gab zur Analyse der Investitionsbedarfe für erneuerbare Energien im Wesentlichen zwei Studien in Auftrag. Die **EE (Erneuerbare Energien)-Langfristszenarien 2011**[2] zeigen Szenarien auf, in denen bis zum Jahr 2050 eine CO_2-Ausstoß-Minderung um 85 Prozent und mindestens die im Energiekonzept der Bundesregierung definierten Ausbauziele für erneuerbare Energien erreicht werden. Die **Energieszenarien**[3] für das Energiekonzept analysieren ebenfalls, wie bis zum Jahr 2050 eine weitestgehend CO_2-neutrale und auf erneuerbaren Energien basierende Energieversorgung erreicht werden kann. Die angenommenen Investitionskosten für erneuerbare Energien unterscheiden sich kaum zwischen den Studien.

Abbildung 1 fasst die Kernaussagen zusammen, wobei jede Säule die abgeschätzten Investitionsbedarfe für jeweils ein spezifisches Szenario aus einer der beiden Studien grafisch darstellt. Es wird auf den ersten Blick deutlich, dass sich

---

[2] DLR / Fraunhofer IWES / IfnE 2012.
[3] Prognos / EWI / GWS 2010.

Abbildung 1: Kumulierte Investitionen in erneuerbare Energien (ohne Wasserkraft) bis 2020 und 2050

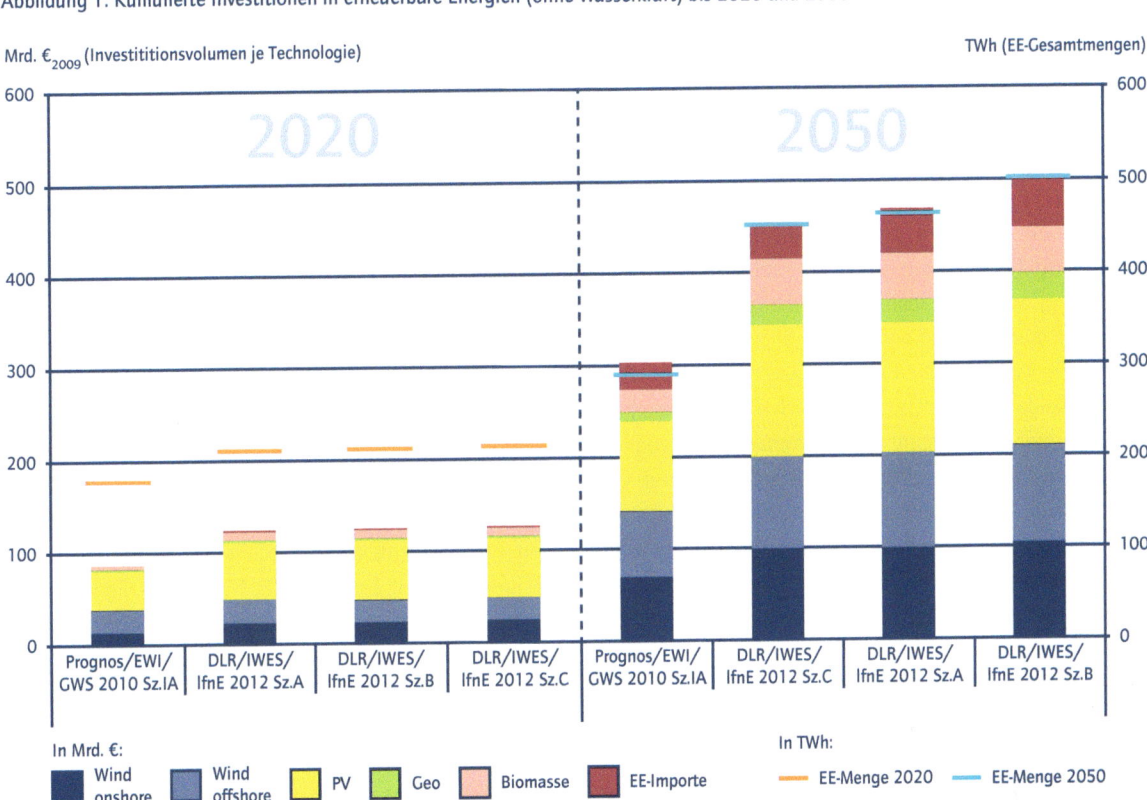

Mrd. €₂₀₀₉ (Investititionsvolumen je Technologie)

der ermittelte Investitionsbedarf für erneuerbare Energien hauptsächlich aufgrund des in den Studien unterschiedlich hoch angesetzten Kapazitätszubaus unterscheidet.

Für die Zeit bis zum Jahr 2020 weisen drei von vier Szenarien aus den beiden Studien vergleichbare Werte für kumulierte Investitionen in erneuerbare Energien von etwas mehr als 100 Milliarden Euro aus. Auf lange Sicht,

das heißt bis zum Jahr 2050, ist das Bild weit weniger eindeutig. Die Szenarien schwanken in Abhängigkeit der angenommenen Gesamtmenge des aus erneuerbaren Energien gewonnenen Stroms zwischen prognostizierten Investitionsvolumina von etwas mehr als 300 Milliarden bis rund 500 Milliarden Euro, was grob geschätzt etwa einem Anteil von 0,3 bis 0,5 Prozent des BIP über denselben Zeitraum entsprechen würde.[4]

---

4   In Barwerten ergäbe sich beispielsweise bei Verwendung einer Diskontrate von 1,4 Prozent, wie sie im Stern-Report für eine vergleichbare Zeitspanne angenommen wurde, und einem gleichförmigen Verlauf der Investitionen über die Zeit eine Spanne der Investitionsvolumina von rund 230 Milliarden bis 380 Milliarden Euro. Da die Auswahl der Diskontrate keinesfalls trivial und die genauen Investitionszeitpunkte über den langen Betrachtungszeitraum nur sehr schwer prognostizierbar sind, besteht jedoch die Gefahr, dass überschlägige Barwertberechnungen lediglich eine Scheingenauigkeit hinsichtlich der zu bewertenden Größenordnung bieten. Die erhebliche Dimension der Investitionsbedarfe allein für den Ausbau erneuerbarer Energien bleibt ohnedies bestehen, da alle bisherigen Kostenschätzungen noch mit einiger Unsicherheit versehen und tendenziell als Untergrenze der finanziellen Herausforderung zu verstehen sind.

Beide Studien beruhen dabei auf sehr optimistischen Annahmen: Erstens unterstellen sie eine starke Kostenreduktion von erneuerbaren Energien. Sie gehen davon aus, dass die Investitionskosten für Onshore-Windkraft zwischen den Jahren 2010 und 2050 um rund 30 Prozent sinken, diejenigen von Photovoltaik und Offshore-Windkraft um über 60 Prozent. Zweitens abstrahieren beide Studien von nicht-ökonomischen Ausbau-Hemmnissen bei Kraftwerkszubau (erneuerbare Energien und konventionelle Erzeugung) und Netzausbau. Innerhalb der einzelnen Regionen wird implizit vollständig von Netzengpässen abstrahiert. Zwischen den einzelnen Regionen wird außerdem in beiden Studien ein beachtlicher Interkonnektor-Ausbau unterstellt. Optimistischen Annahmen bezüglich des Netzausbaus und künftiger Kostenreduktionen bei erneuerbaren Energien unterliegen grundsätzlich auch die Studien, in denen bis zum Jahr 2050 ganze 100 Prozent des deutschen Strombedarfs durch erneuerbarer Energien gedeckt werden.[5]

Zur Anbindung und Integration der erneuerbaren Energien ist ein umfangreicher Netzausbau erforderlich. Laut den **Netzstudien der Deutschen Netz-Agentur (dena)**[6] würden bis zum Jahr 2015 zusätzliche 850 Kilometer neue Übertragungsnetztrassen, bis zum Jahr 2020 sogar 3.600 Kilometer benötigt, wobei sich die Kosten für den Ausbau auf jährlich knapp eine Milliarde Euro belaufen. Allerdings wird in beiden Studien unterstellt, dass das Netz so auszubauen ist, dass sämtlicher aus Anlagen erneuerbarer Energien generierter Strom abtransportiert werden kann. Von ökonomisch gegebenenfalls sinnvollen Abschaltungen wird also ebenso abstrahiert, wie von der Frage nicht-ökonomischer Hemmnisse für den Netzausbau.

Der aktuelle Entwurf des **Netzentwicklungsplans**[7] sieht bis zum Jahr 2022 einen Neubau von 1.700 Kilometer Hochspannungsleitungen und die Modernisierung von 4.000 Kilometer bestehender Leitungen vor. Die Netzbetreiber planen überdies auch den Einsatz neuer effizienter Hochspannungs-Gleichstrom-Übertragungsleitungen (2.100 Kilometer). Insgesamt würden für den Netzausbau und die Anbindung von Wind-Offshore-Parks rund 30 Milliarden Euro benötigt. Die Kosten für die Verteilnetze dürften die Ausbaukosten für die Übertragungsnetze noch übersteigen, wie unter anderem auch die folgenden Studien für Europa zeigen.

Studien mit dem Fokus einer europäischen Energiepolitik

Einen guten Überblick über Volumina und Struktur der Investitionsbedarfe bei einem weitgehenden Umbau der Stromerzeugung auf erneuerbare Energien vermittelt eine Reihe von Studien zur europäischen Energiepolitik. Im **Energiefahrplan 2050** der **Europäischen Kommission (2011)** werden verschiedene Pfade zur Erreichung des angestrebten Ziels von 20 Prozent CO_2-Emissionseinsparung bis zum Jahr 2020 und 80 bis 95 Prozent bis zum Jahr 2050 analysiert. Neben einem „Referenz"- und einem „Aktuelle Politische Initiativen"-Szenario, berechnet die Studie für die verstärkte Dekarbonisierung fünf Szenarien, in denen die CO_2-Emissionseinsparungsziele bis zum Jahr 2050 erreicht werden.

Basierend auf der Annahme einer stark steigenden Stromnachfrage werden die benötigten Investitionen im „Aktuelle Politische Initiativen"-Szenario auf knapp 2.000 Milliarden Euro bis zum Jahr 2050 im Stromerzeugungssektor beziffert, während das Investitionsvolumen bei Umsetzung der Dekarbonisierungsziele unter hauptsächlicher Verwendung von erneuerbaren Energien auf 3.200 Milliarden Euro ansteigt. Bei den Netzinvestitionen kommt der Verteilnetzebene mit bis zu 1.770 Milliarden Euro eine wesentlich größere Bedeutung zu, als den Übertragungsnetzen (bis zu 420 Milliarden Euro).

---

[5] DLR 2011; Greenpeace 2010.
[6] dena 2005; dena 2010.
[7] Netzentwicklungsplan 2012.

Insgesamt beläuft sich das Investitionsvolumen bei Umsetzung der Dekarbonisierungsziele im Szenario „Hohe Anteile erneuerbarer Energien" auf rund 5.400 Milliarden Euro. Eindeutige Implikationen für Deutschland können der Studie aufgrund fehlender regionalspezifischer Angaben nicht entnommen werden. Würde man rein zu Illustrationszwecken eine Kostenverteilung entsprechend der Wirtschaftskraft in Europa (gemessen am BIP) unterstellen, wäre in Deutschland grob mit Investitionen in Höhe von rund 1.080 Milliarden Euro zu rechnen.

Die Studie **Roadmap 2050 – a closer look**[8] untersucht für den europäischen Stromsektor mit einem Anteil erneuerbarer Energien von 80 Prozent sowie einer CO_2-Emissionsreduktion von 80 Prozent gegenüber dem Jahr 1990 die möglichen Kostenimplikationen eines unzureichenden Netzausbaus. Im Vergleich zu einem Szenario mit kostenoptimalem Ausbau, bei dem die Standorte der Erzeugungsanlagen für erneuerbare Energien optimal gewählt werden und das Gesamtkosten für Investitionen in Erneuerbare und den Netzausbau von 3.369 Milliarden Euro ausweist, liegen die Kosten in einem Vergleichsszenario mit lediglich moderatem Netzausbau bei 3.426 Milliarden Euro.

Im Einklang mit den Zielsetzungen der Europäischen Kommission geht auch die **Roadmap 2050 der European Climate Foundation (2010)** von CO_2-Einsparungen in Höhe von 80 Prozent gegenüber dem Jahr 1990 aus und untersucht entsprechende Entwicklungspfade. Dabei wird angenommen, dass im Elektrizitätssektor mindestens 95 Prozent dekarbonisiert werden müssen. Die berechneten Investitionskosten bis zum Jahr 2050 liegen dann mit 3.200 Milliarden Euro in einem Dekarbonisierungsszenario mit einem Anteil von erneuerbaren Energien von 80 Prozent um rund 120 Prozent höher als im Baseline-Szenario (1.450 Milliarden Euro). Die zur Umsetzung dieser ambitionierten Ausbauziele benötigten Netzinvestitionen belaufen sich je nach Szenario auf 50 bis 200 Milliarden Euro über 40 Jahre und stellen somit einen vergleichsweise kleinen Teil der Gesamtinvestitionen dar.

Im Gegensatz zu den bislang genannten Studien, deren Analysen sich zumeist entweder auf einzelne Fallstudien oder nur wenige Szenarien beschränken, berechnen **Jägemann et al. (2012)** systematisch die Kostenimplikationen verschiedener politischer und ökonomischer Rahmenbedingungen bis zum Jahr 2050. Demnach liegen die minimalen Gesamtsystemkosten des europäischen Stromsektors bei Erreichung eines CO_2-Reduktionszieles von 90 Prozent bis zum Jahr 2050 zwischen 1.387 und 1.588 Milliarden Euro.[9] Werden zusätzlich jedoch noch die in den nationalen Allokationsplänen festgeschriebenen Ziele für die erneuerbaren Energien für das Jahr 2020 sowie ein europaweites Ausbauziel von 80 Prozent erneuerbarer Energien bis zum Jahr 2050 angestrebt, liegt die Bandbreite der Gesamtsystemkosten zwischen 1.596 und 2.004 Milliarden Euro.

Fazit: Es gibt kein Preisschild für die Energiewende

Insgesamt liegt derzeit also weder für Deutschland noch für Europa eine Untersuchung vor, die umfassend den Investitionsbedarf beziehungsweise die Systemkosten verschiedener Transformationswege zu einer primär auf erneuerbaren Energien basierenden Elektrizitätsversorgung abschätzt und dabei auch noch die entsprechenden Unsicherheiten ausweist. In den bestehenden Studien sind zudem häufig die Systemkosten für die Speicherung, das Übertragungs- und insbesondere das Verteilungsnetz nicht erfasst. Eine belastbare und umfassende Bewertung der wirtschaftlichen Auswirkungen der „Energiewende"-Politik im deutschen oder europäischen Maßstab liegt also bis dato nicht vor.

Seriös lassen sich lediglich optimistische Bandbreiten für die zusätzlichen Investitionsbedarfe im Kontext der Energiewende ermitteln. Ein fundierter wissenschaftlicher Vergleich einschlägiger Szenarien, der Annahmen und

---

8 EWI / Energynautics 2011.
9 Annahmen: keine zusätzlichen Ziele für den Ausbau erneuerbarer Energien und keine Restriktion der Kernkraftnutzung.

Risiken klar ausweist und bewertet, könnte die bestehenden großen Unsicherheiten teilweise verringern. Dabei wäre es wichtig, nicht nur die Annahmen der verschiedenen Studien zu vergleichen, sondern darüber hinaus einen koordinierten Modellvergleich durchzuführen, bei dem die verschiedenen Szenarien mit den gleichen Grundannahmen, zum Beispiel bezüglich der Entwicklung der Brennstoffpreise, verglichen und bewertet werden. Da letztendlich die als Folge der Energiewende ermittelten Investitionsbedarfe mit den Herausforderungen kontrastiert werden müssen, die aufgrund der in den nächsten Jahrzehnten ohnehin unvermeidlichen Erneuerung der Kraftwerksparks und der Netze entstehen würden, stellen die Kostenrisiken für die als Referenz heranzuziehenden konventionellen Technologiepfade eine weitere Quelle der Unsicherheit dar, die es zu berücksichtigen gilt.[10]

Über die genaue Höhe und Art von Investitionen wird naturgemäß immer eine Restunsicherheit bestehen bleiben. Damit diese von privaten Investoren getragen werden kann, bedarf es in erster Linie verlässlicher politischer Rahmenbedingungen und einer anreizverträglichen ordnungspolitischen Ausgestaltung der Energiepolitik. Nur so werden sich die erheblichen Investitionen kosteneffizient schultern lassen.

2.4 STATUS QUO DER STEUERUNG: EEG UND EU-EMISSIONSHANDEL

Der Ausbau der erneuerbaren Energien und die Verminderung der Treibhausgasemissionen werden in Deutschland derzeit vor allem durch zwei ordnungspolitische Instrumente vorangetrieben: einerseits durch das auf nationaler Ebene wirksame Erneuerbare-Energien-Gesetz (EEG) und andererseits auf europäischer Ebene durch das Emissionshandelssystem der Europäischen Union (EU Emissions Trading Scheme, EU-ETS). Diese beiden Instrumente stehen

im Mittelpunkt der wissenschaftlichen wie politischen Diskussionen über den geeigneten Ordnungsrahmen zur Verwirklichung der deutschen Energiewende und der europäischen Klimapolitikziele in Form konkreter Reduktionen der Emissionen von Kohlenstoffdioxid. Die beiden folgenden Abschnitte stellen den Status quo beider Instrumente als notwendigen Ausgangspunkt aller Reformüberlegungen dar, jedoch ohne bereits auf die Herausforderungen einzugehen, die durch ihre Parallelität entstehen.[11]

EEG

In Deutschland wird die Stromerzeugung aus erneuerbaren Energien seit dem Jahr 1991 gesetzlich gefördert, seit dem Jahr 2000 durch das EEG. Es verpflichtet die Netzbetreiber dazu, Anlagen zur Herstellung von Strom aus erneuerbaren Energien vorrangig anzuschließen, deren produzierten Strom vorrangig abzunehmen, zu übertragen und an die Stromverbraucher zu verteilen (Einspeisevorrang). Die Betreiber entsprechender Anlagen erhalten zudem von den Netzbetreibern einen auf 20 Jahre garantierten Mindestpreis (Einspeisevergütung) für den erzeugten Strom. Neben der Erfüllung politisch vorgegebener Kapazitätsziele soll mit dem EEG auch die Weiterentwicklung von Technologien zur Erzeugung von Grünstrom gezielt gefördert werden. Daher erhalten weniger rentable Technologien generell eine höhere Mindestvergütung.

Um Anreize zur Kosteneinsparung bei den Anlagenherstellern zu setzen, sinkt die garantierte Einspeisevergütung für neu installierte Anlagen allerdings jährlich um einen festgelegten Prozentsatz (Degression). Die sich aus der Differenz von gezahlter Einspeisevergütung und dem Marktpreis des produzierten Stroms ergebenden Zusatzkosten werden von den Netzbetreibern durch eine bundesweit einheitliche EEG-Umlage auf alle Stromverbraucher umgelegt. Diese EEG-Umlage stieg in den vergangenen Jahren stetig von 0,54 Eurocent pro Kilowattstunde im Jahr 2004 auf mittlerweile 3,592 Eurocent pro Kilowattstunde im

---

[10] Vgl. Matthes 2012, S. 52.
[11] Siehe dazu Abschnitt 3.1.1.

Jahr 2012. Insgesamt belief sich die gezahlte Umlage allein im Jahr 2010 auf über 12 Milliarden Euro, was in etwa dem gesamten Jahreshaushalt des Bundesministeriums für Bildung und Forschung entspricht.

Um die Wettbewerbsfähigkeit energieintensiver Unternehmen durch die Umlage nicht zu gefährden, gelten für Unternehmen des verarbeitenden Gewerbes weitgehende Ausnahmen, wobei der Kreis der begünstigten Unternehmen in der Vergangenheit immer stärker erweitert wurde. Dadurch wird die Belastung der anderen Wirtschaftsbereiche sowie der privaten Verbraucher jedoch stark erhöht. Im Jahr 2011 wurden laut EEG-Erfahrungsbericht[12] etwa 16 Prozent des gesamten Stromverbrauchs und darunter mehr als 36 Prozent des Stromverbrauchs des verarbeitenden Gewerbes privilegiert.

Hohe Kosten bewirkt vor allem der gestiegene Anteil der Photovoltaik an der Stromerzeugung aus erneuerbaren Energien. So wurden im Jahr 2010 knapp 39 Prozent der EEG-Umlage zur Förderung der PV-Stromerzeugung verwendet, obwohl diese Technologie einen Anteil von kaum 15 Prozent am gesamten EEG-Strom dieses Jahres hatte. Die Verpflichtungen, die sich aus dem Kapazitätszubau der vergangen Jahre ergeben, werden die Verbraucher noch über die nächsten zwei Jahrzehnte erheblich belasten. Allein den zwischen dem Jahr 2000 und dem Ende des Jahres 2011 in Deutschland errichteten PV-Anlagen stehen in Zukunft Kosten mit einem Gegenwartswert von knapp 100 Milliarden Euro (in Preisen von 2011) gegenüber.[13]

Für die kommenden Jahre werden in der Literatur kräftig steigende Strompreise aufgrund von absehbaren Erhöhungen der EEG-Umlage sowie der Netzentgelte prognostiziert. Unter der Annahme, dass das EEG weiterhin gilt, veranschlagt McKinsey für das Jahr 2020 inflationsbereinigt ein EEG-Fördervolumen (Differenzkosten)

in Höhe von 17 Milliarden Euro sowie zusätzliche Netzentgelte im Volumen von 4,5 Milliarden Euro. Daraus leiten sich reale Erhöhungen der Strompreise pro Kilowattstunde von 0,7 Eurocents im Bereich der stromintensiven Industrie (annahmegemäß von der EEG-Umlage befreit), von 4,9 Eurocent für die sonstige Industrie, von 5,1 Eurocent für Gewerbe, Handel und Dienstleistungen sowie von 6,3 Eurocent (inklusive Mehrwertsteuer) für die privaten Haushalte ab.[14]

Zu ähnlichen Ergebnissen kommt Erdmann (2011): Für das Jahr 2025 wird eine EEG-Umlage von 6 Eurocent pro Kilowattstunde ermittelt. Damit wäre inflationsbereinigt ein Anstieg der Strompreise für private Haushalte von heute 25,5 auf dann 28,5 Eurocent je Kilowattstunde verbunden, also eine reale Verteuerung um knapp 12 Prozent. Erdmann kommentiert dieses Ergebnis zu Recht wie folgt: „Das in den parlamentarischen Beratungen zur Energiewende formulierte Ziel, die EEG-Umlage nicht über das Niveau von 3,5 [Eurocent je Kilowattstunde] ansteigen zu lassen, ist vorerst nicht mit glaubwürdigen politischen Maßnahmen unterlegt."

EU-ETS

Das EU-ETS legt seit dem Jahr 2005 die Menge an Emissionsrechten in der EU fest und bestimmt damit die Obergrenze der Treibhausgasemissionen von Energieversorgern und energieintensiven Industriesektoren. Damit reguliert es etwa die Hälfte aller Treibhausgasemissionen in der EU. Anlagenbetreiber können die Emissionsrechte über Börsen oder direkt untereinander handeln, wodurch sich ein einheitlicher Marktpreis ergibt. Mit dem EU-ETS steht heute bereits ein europaweit harmonisiertes Steuerungsinstrument zur Verfügung, das Anreize zum Einsatz bestehender emissionsarmer Techniken der Stromerzeugung und gleichermaßen Impulse für Investitionen in Forschung und Entwicklung noch emissionsärmerer Technologien gibt.

---

12 BMU 2011.
13 Vgl. Frondel et al. 2011. (Berechnung wurde um den Kapazitätsausbau des Jahres 2011 aktualisiert.)
14 Vgl. McKinsey 2012, S. 7.

Unter dem EU-ETS bleibt es jedoch, anders als beim EEG, den privaten Akteuren überlassen, welche Technik an welcher Stelle zum Einsatz kommt und in welchen Aspekt des technologisch-ökonomischen Entdeckungsprozesses investiert werden soll. Die bestehende Implementierung des EU-ETS weist bisher noch einige Schwachstellen auf, die seine Wirksamkeit erheblich einschränken. Dazu zählen die weitgehende Beschränkung auf den Sektor der Großfeuerungsanlagen, die fehlende Fortschreibung über das Jahr 2020 hinaus und vor allem die im Vergleich zur Wirtschaftsleistung großzügig bemessene Ausstattung mit Zertifikaten, insbesondere im Hinblick auf den Einbruch der Wirtschaftstätigkeit in den Jahren 2009 und 2010 infolge der Wirtschafts- und Finanzkrise.[15] Als Konsequenz ist das vom Emissionshandel vermittelte Preissignal bisher zu gering und zu instabil, um das Investitionsverhalten der Akteure glaubwürdig und langfristig zu beeinflussen.

Nach Europa haben auch Australien, Südkorea, einige Bundesstaaten in den USA,[16] die kanadische Provinz Québec und einige der großen Provinzen in China damit begonnen, Emissionshandelssysteme und somit einen Preis für CO_2-Emissionen einzuführen. In Kalifornien soll im Januar 2013 ein Mechanismus starten, der neben dem Strom- und Industriesektor auch den Transport- und Gebäudesektor berücksichtigt. Gespräche über eine Verknüpfung dieser entstehenden Emissionshandelssysteme untereinander und mit dem EU-System haben bereits begonnen.

---

[15] Vgl. SRU 2011, S. 249ff. sowie Tindale 2012.
[16] Vgl. Schmalensee 2012.

3 ORDNUNGSPOLITISCHE INSTRUMENTE – NATIONAL, EUROPÄISCH, INTERNATIONAL

Um die Ziele der Energiewende im Stromsektor zu verwirklichen, sind umfangreiche Investitionen und Verhaltensänderungen bei allen relevanten Marktteilnehmern erforderlich. Der Staat ist in seinen Rollen als Verbraucher oder Investor dabei nur in vergleichsweise geringem Maße selbst betroffen, denn der größte Anteil der Investitionen und Verhaltensänderungen hat - in der gegenwärtigen Grundordnung der Bundesrepublik - durch Private[17] zu erfolgen. Die zentrale Aufgabe für Politik und Verwaltung besteht vielmehr darin, einen konsistenten Ordnungsrahmen zu entwickeln und im Verwaltungshandeln durchzusetzen. Davon wird maßgeblich abhängen, inwieweit die zum Erreichen der politisch gesetzten Ziele unter den Nebenbedingungen von Systemstabilität und Wirtschaftlichkeit der Stromversorgung notwendigen Investitionen und Verhaltensänderungen tatsächlich erfolgen (Effektivität) und ohne Verschwendung volkswirtschaftlicher Ressourcen realisiert werden (Effizienz).

Die Konsistenz von Zielsetzungen und Ordnungsrahmen muss dabei nicht nur auf nationaler Ebene, sondern sowohl zwischen nationaler Politik und europäischer Klima- und Energiepolitik als auch zwischen Bundespolitik einerseits und Kommunal- und Landespolitik andererseits sichergestellt werden. Andernfalls würden sich teilweise widersprechende Zielsetzungen und gegenläufige Politikinstrumente die Unsicherheit der Investoren erhöhen und dadurch die Bereitstellung des benötigten Kapitals verteuern. Zur Sicherung der Akzeptanz der Energiewende bei privaten wie gewerblichen Verbrauchern sowie zur Vermeidung von Blockaden der Entscheidungsfindung im politischen Mehrebenensystem sind darüber hinaus jene Verteilungswirkungen zu berücksichtigen, die mit den jeweils zum Einsatz kommenden ordnungspolitischen Instrumenten verbunden sind.

Von diesen Anforderungen ausgehend werden in den folgenden Abschnitten jene ordnungspolitischen Fragestellungen analysiert und mit konkreten Handlungsempfehlungen beantwortet, die für eine im marktwirtschaftlichen System finanzierbare und mit Blick auf die Ziele erfolgreiche Gestaltung der Energiewende in Deutschland, auf europäischer und internationaler Ebene besonders bedeutsam sind.

3.1 ELEMENTE EINER „ENERGIEWENDEPOLITIK" IN DEUTSCHLAND

Die Umsetzung der Energiewende erfordert massive Investitionen in Netze, Speicher und stromsparende Techniken, in Kapazitäten der Stromerzeugung auf der Basis erneuerbarer Energien und in konventionelle Ersatzkapazitäten sowie umfangreiche Anstrengungen in Forschung und Entwicklung (FuE). Allerdings müssen diese Vorhaben nicht alle sofort realisiert werden, sondern in geeigneter zeitlicher Abfolge über einen Zeitraum von rund 40 Jahren. Wie kaum eine andere Branche ist die Energiewirtschaft dabei auf stabile Rahmenbedingungen angewiesen, um ihre Investitionen effizient planen und umsetzen zu können. Dies liegt neben der bloßen Größenordnung zum einen an der Langlebigkeit von Investitionen in Kraftwerke und Energienetze sowie andere Energieinfrastrukturen, wie etwa Speicher. Zum anderen sind diese Investitionen in aller Regel standortspezifisch, sodass Standortverlagerungen einer getätigten Investition auch dann kaum möglich sind, wenn sich die Rahmenbedingungen aus Sicht des Investors ungünstig entwickeln.

Aus diesem Grund besteht in der leitungsgebundenen Energiewirtschaft stärker noch als in anderen Wirtschaftszweigen eine Abhängigkeit von der Politik.[18] Im Kontext des grundlegenden Systemumbaus durch die Energiewende muss daher zwingend und möglichst schnell Klarheit über jene Faktoren geschaffen werden, welche die anstehenden Investitionsentscheidungen essentiell beeinflussen. Zudem bedarf es der Rechtssicherheit in Bezug auf Planungs- und

---

[17] Beziehungsweise durch in aller Regel privatwirtschaftlich organisierte öffentliche Unternehmen wie zum Beispiel Stadtwerke.
[18] Vgl. Monopolkommission 2009; Bankenverband 2011.

Genehmigungsverfahren. Folgende zwei Kernfragen stehen derzeit besonders im Vordergrund:

1. *Neuausrichtung der Förderung von erneuerbaren Energien*

   Wie kann die Förderung der erneuerbaren Energien sinnvoll vom EEG in ein marktorientiertes System überführt werden? Ein wichtiges Kriterium für Erfolg ist, dass Investoren in entsprechende Anlagen künftig dieselben Preissignale berücksichtigen sollten, wie alle anderen Investoren im System.

2. *Sicherstellung der Kapazitätsabdeckung*

   Wird der Stromgroßhandel auf Ebene der einheitlichen deutschen Preiszone auch dann hinreichende und dabei gesellschaftlich akzeptable Preissignale senden, um die erforderlichen Neuinvestitionen in konventionelle Kraftwerksanlagen herbeizuführen, wenn der Anteil fluktuierend einspeisender Anlagen erneuerbarer Energien wie geplant deutlich zunehmen wird? Selbst wenn diese Frage positiv beantwortet werden kann, so wäre damit noch nicht die ausreichende regionale Verteilung der Kapazität gewährleistet, zumindest solange innerdeutsche Transportengpässe vorhanden sind.

3.1.1 DIE FÖRDERUNG ERNEUERBARER ENERGIEN NEU AUSRICHTEN

Mit dem Emissionshandel EU-ETS wird der Versuch unternommen, die externen Effekte der CO_2-Emission mit Blick auf den Klimawandel zu internalisieren und dadurch in das Kalkül der Verursacher zu integrieren. Der Mechanismus verspricht, dass jedes politisch festgelegte CO_2-Vermeidungsziel zu minimalen volkswirtschaftlichen Kosten realisiert wird. Kann er dieses Versprechen einlösen, besteht kein Anlass für den Einsatz weiterer Instrumente und insbesondere nicht für die Förderung spezieller Technologien. Umgekehrt

ist eine solche Förderung nur dann zu rechtfertigen, wenn nachgewiesen wird, dass

1. der Emissionshandel keine Kosteneffizienz erzeugt und

2. durch die zusätzliche Förderung wenigstens langfristig eine Kostensenkung im Vergleich zum unregulierten Marktergebnis des Emissionshandels erreicht werden kann.

In einem statischen Kontext, das heißt bei gegebenem Stand der Technik, sollte mithilfe des Emissionshandels das Emissionsziel in der Tat kosteneffizient realisiert werden können, solange verhindert werden kann, dass auf dem Rechtemarkt eine Marktmacht entsteht. Im empirisch vergleichsweise schwer zu durchdringenden dynamischen Kontext, in dem es vor allem darum geht, technischen Fortschritt zu induzieren, der es erlaubt, zu immer weiter sinkenden Kosten CO_2 zu vermeiden, kann es allerdings zumindest prinzipiell zu einem Marktversagen kommen, sodass es gerechtfertigt sein könnte, dass der Staat über den Emissionshandel hinaus zusätzlich fördernd tätig wird.

Denn die FuE-Entscheidungen dezentraler Akteure allein können unter Umständen nicht die Entwicklung der bestmöglichen Technologie gewährleisten. Dafür können drei Gründe ausschlaggebend sein:[19]

1. Bei FuE kann es zu Spillover-Effekten (positiven externen Effekten) kommen, die darin bestehen, dass Innovatoren nicht alle Erträge aus ihrer Innovation für sich alleine vereinnahmen können.

2. Innovationen sind immer mit Lernprozessen verbunden, die zu erheblichen Kostendegressionen führen können und tendenziell mit der Produktion und dem Einsatz der entsprechenden Technologie verknüpft sind, die möglicherweise wiederum durch den Lock-in etablierter Technologien verhindert werden.

---

[19] Vgl. u.a. SRU 2011, S. 239ff; Weber / Hey 2012, S. 44-45; IPCC 2012, S. 147 und S. 871-872.

3. Innovationsanstrengungen sind grundsätzlich mit erheblichen Risiken verbunden, die bei entsprechender Risikoaversion der Innovatoren dazu führen können, dass auch aussichtsreiche Innovationsprojekte unterbleiben.

Wissenschaftlich wird neben dem Marktversagen auch ein Politikversagen in Form einer unzureichenden Absenkung von CO_2-Obergrenzen diskutiert, das den Emissionshandel beschädigen kann. Auch daraus kann eine Rechtfertigung für eine zusätzliche Förderung der Erneuerbaren abgeleitet werden.

Doch auch für diese zusätzliche Förderung gilt dann das gleiche grundsätzliche Argument: Typischerweise kommt es zu einem Politikversagen vor allem dann, wenn der Staat durch seine Eingriffe Renteneinkommen schafft. Dies ist beim Emissionshandel der Fall, bei der Förderung der erneuerbaren Energien durch das EEG aber ebenfalls. Es kommt also bei der Einschätzung der tatsächlichen Wirkungen immer auf die konkrete Umsetzung eines jeden Instruments an. Die Förderung der Photovoltaik ist ein geradezu klassisches Beispiel für Politikversagen, denn die Absenkung der Einspeisevergütungen ist mittlerweile ein rein politischer Diskussionstatbestand und sicherlich nicht (mehr) von technologiepolitischen Erwägungen geleitet.

Der Emissionshandel bietet relativ gute Aussichten darauf, Politikversagen zu heilen. Einerseits spielt sich das Versagen ausschließlich auf der Verteilungsseite ab, während die Effizienz der Allokation dadurch nicht berührt wird. Andererseits ließe sich das Verteilungsproblem relativ einfach dadurch lösen, dass man analog zur Europäischen Zentralbank (EZB) eine weitgehend unabhängige Institution schafft, die künftig für die Überwachung des Emissionshandels zuständig wäre.

Wenn es aufgrund des genannten Markt- oder Politikversagens oder deswegen, weil die Festlegung von eigenständigen Ausbauzielen für die erneuerbaren Energien als sinnvoll erachtet wird, ausreichend Gründe für eine zusätzliche Förderung über das EU-ETS hinaus gibt, dann stellt sich natürlich die Frage, wie sie genau ausgestaltet werden soll. Bei der Förderung der erneuerbaren Energien wird die Vorteilhaftigkeit von preisbasierten Systemen (zum Beispiel EEG) und mengenbasierten Instrumenten (zum Beispiel Quotensysteme, Auktionierung, Portfolio-Standards) intensiv diskutiert. Die Bewertung dieser Instrumente hängt von der jeweiligen Ausgestaltung ab, unter anderem a) von dem Zeithorizont, der für das Instrument gelten soll, b) von der Frage, ob sie technologiespezifisch oder technologieneutral sind, c) davon, ob sie grundsätzlich eine marktliche Preisbildung ermöglichen, d) davon, ob sie das Risiko privaten oder staatlichen Akteuren zuweisen und e) davon, welche ordnungsrechtlichen Vorgaben (zum Beispiel Einspeisevorrang oder Standortdifferenzierung) gesetzt werden.[20]

Grundsätzlich wäre es wünschenswert, dass sich die Politik bei einer grundlegenden Neugestaltung des Förderinstrumentariums an den konkreten Markt- und Politikversagensursachen orientiert, die adressiert werden sollen. Dazu gehört insbesondere, dass – entgegen der bislang üblichen Vorgehensweise – nicht nur explizit gemacht werden muss, welches vermeintliche Versagen denn mit einer konkreten Maßnahme adressiert werden soll, sondern auch fortwährend empirisch überprüft wird, ob dieses in der Tat (noch) vorliegt. Auf dieser Basis sollte dann die Bewertung jedes denkbaren Förderinstruments nicht nur Aussagen zur statischen und dynamischen Effizienz, seinen Verteilungswirkungen und der politischen Machbarkeit beinhalten, sondern auch die Fragen beantworten, ob das Instrument europäisch erweiterbar ist und wie groß die aus der Parallelität mit dem EU-ETS resultierenden Ineffizienzen sind. Und schließlich sollte jedes eingesetzte Instrument fortlaufend und von unabhängiger Seite kritisch überprüft werden.

Die Diskussion, welches Förderschema sich am besten für die Überwindung welches Marktversagens eignet, ist im vorliegenden Kontext wissenschaftlich noch nicht zu Ende

---

20 Vgl. IPCC 2012, S. 150ff. sowie S. 855ff.

geführt. Preisbasierte Systeme weisen tendenziell Vorteile auf, wenn man gleichzeitig einen Kapazitätsaufbau in möglichst vielen, verschiedenen Technologien zur Nutzung erneuerbarer Energien anstoßen möchte. Mengenbasierte Systeme dürften hingegen eher geeignet sein, um eine möglichst kosteneffiziente Bereitstellung einer festgelegten Grünstrommenge insgesamt zu realisieren, ohne Vorgaben hinsichtlich der eingesetzten Erzeugungstechnologie zu machen. Es ist daher nicht überraschend, dass solche Evaluationsstudien und modellgestützten Simulationen zur Effizienz und Effektivität von Einspeisevergütungssystemen und Quotenmodellen, die als Erfolgsmaßstab vor allem die effektive Förderung eines breiten Portfolios von parallel eingesetzten Technologien innerhalb jedes einzelnen Landes anlegen, Vorteile für Einspeisesysteme sehen.[21]

Im hier relevanten Kontext der deutschen Energiewende kann die Förderung eines breiten Spektrums an unterschiedlichen Technologien jedoch nicht (mehr) im Vordergrund stehen. Denn einerseits liegt hier ein Markt vor, auf dem eine im internationalen Vergleich bereits sehr stark fortgeschrittene Expansion vieler erneuerbarer Energien zu verzeichnen ist, und andererseits wurden noch weit ehrgeizigere Ausbauzielen für die zukünftige Stromproduktion aus Erneuerbaren festgelegt. Sollen diese vergleichsweise effizient umgesetzt werden, dann fallen vor allem drei strukturelle Nachteile von Einspeisevergütungssystemen ins Gewicht: (i) der fehlende Wettbewerb zwischen den Anlagebetreibern erneuerbarer Energien, (ii) die fehlende Berücksichtigung der Anforderungen des Absatzmarktes sowie (iii) die großen Informationsprobleme des Staates, etwa durch Skalen- und Lerneffekte erzielte Kostenreduktionen einzelner

Grünstromtechnologien schnell und adäquat in der Anpassung der entsprechenden Vergütungen abzubilden.[22]

Vor diesem Hintergrund erscheint es zum einen sicher, dass eine lediglich inkrementelle Weiterentwicklung des bestehenden Förderinstrumentes (EEG) in keinem Falle die richtige Antwort auf die Herausforderungen der Energiewende darstellen kann. Zum anderen ist es politische Realität, dass die Politik nicht auf eine abschließende wissenschaftliche Klärung der Frage, ob und in welchem Ausmaß eine zusätzliche Förderung der erneuerbaren Energien tatsächlich sinnvoll ist, warten wird, sondern auf jeden Fall eine Förderung der Erneuerbaren zusätzlich zum Emissionshandel betreiben will. Daher wird in dieser Position zur kurz- bis mittelfristigen Überwindung der akutesten Mängel des EEG die Umstellung auf ein marktorientiertes Förderregime empfohlen. Dies könnte beispielsweise ein Quotenmodell mit Grünstromzertifikaten sein.

Aus ökonomischer Sicht würde zwar auch das Quotenmodell noch keine endgültige Ideallösung darstellen. Denn die Festlegung einer Quote für Strom aus Erneuerbaren führt dazu, dass bestehende Unterschiede in den Grenzkosten der CO_2-Vermeidung innerhalb des Grünstrombereichs und außerhalb dieses Bereiches nicht ausgenutzt werden können, wie es bei der Beschränkung auf einen alle Sektoren umfassenden Emissionshandel als Leitsystem möglich wäre.[23] Insofern kann ein Quotenmodell mit Grünstromzertifikaten als pragmatischer Zwischenschritt gesehen werden, der die Überwindung des EEG hin zu einer effizienteren Förderung der erneuerbaren Energien ermöglicht. Weiterhin wäre es nicht nur in der Lage, etwaige Lernkurveneffekte zu internalisieren und

---

[21] Vgl. Butler / Neuhoff 2008; Haas et al. 2011; Ragwitz et al. 2012.

[22] Vgl. Häder 2005, S. 615.

[23] Vgl. IPCC 2012, S. 916-917 für eine kompakte Diskussion der Wechselwirkungen zwischen dem Emissionshandel und darüber hinausgehenden Politiken zur Förderung der erneuerbaren Energien. Bezogen auf Deutschland besteht das Problem bisher darin, dass eine über den Emissionshandel hinaus geförderte Stromerzeugung aus erneuerbaren Energien für geringere Emissionen im deutschen Stromsektor sorgt, weshalb die Zertifikatpreise niedriger ausfallen als ohne EEG. Dadurch werden jedoch Vermeidungsmaßnahmen in anderen am Emissionshandel beteiligten Sektoren nicht ergriffen, weil es kostengünstiger ist, stattdessen Zertifikate zu kaufen. Andere Stromerzeugungssektoren in der EU sowie die Industriesektoren, die in den Emissionshandel eingebunden sind, weisen folglich höhere Emissionen auf und gleichen so die Emissionseinsparungen gänzlich aus, die im deutschen Stromerzeugungssektor durch das EEG ausgelöst werden. Im Ergebnis ergibt sich lediglich eine Emissionsverlagerung, der durch das EEG bewirkte CO_2-Einspareffekt ist innerhalb der EU jedoch gleich Null (vgl. BMWA 2004, S. 8; Morthorst 2003).

damit dynamische Effizienz zu realisieren, sondern erlaubte auch eine EU-ETS-kompatible Ausgestaltung.

Erneuerbare Energien marktorientiert fördern und ausbauen

Bei der derzeitigen Förderung des Ausbaus der Erneuerbaren in Deutschland existieren erhebliche Effizienzreserven, weil durch das EEG auch der großflächige Ausbau von aktuell sehr teuren Erzeugungstechniken gefördert wird, obwohl deren Weiterentwicklung auf andere Weise weit effizienter gefördert werden könnte. In einer Abkehr von der rein auf die Erprobung von Nischentechnologien ausgerichteten Förderung durch das EEG sollte möglichst schnell ein marktorientiertes Förderregime für den Ausbau der Erneuerbaren

etabliert werden, das mit der europaweiten Ausrichtung und technologieoffenen Grundidee des EU-ETS kompatibel ist. Die Monopolkommission und der Sachverständigenrat zur Begutachtung der gesamtwirtschaftlichen Entwicklung haben dazu eine Mengensteuerung durch ein Quotenmodell mit Grünstromzertifikaten vorgeschlagen.[24] Auch diese acatech POSITION wirbt dafür, die Förderung, wenn denn ihr grundsätzlicher Einsatz beschlossene Sache ist, dann wenigstens mit einem marktorientierten Instrumentarium wie dem Quotenmodell zu bestreiten.

Abbildung 2 zeigt den stilisierten Ablauf des Marktes für grünen Strom im Quotenmodell. Energieversorger würden dabei gesetzlich verpflichtet, einen bestimmten

Abbildung 2: Stilisierter Ablauf des Marktes für grünen Strom[25]

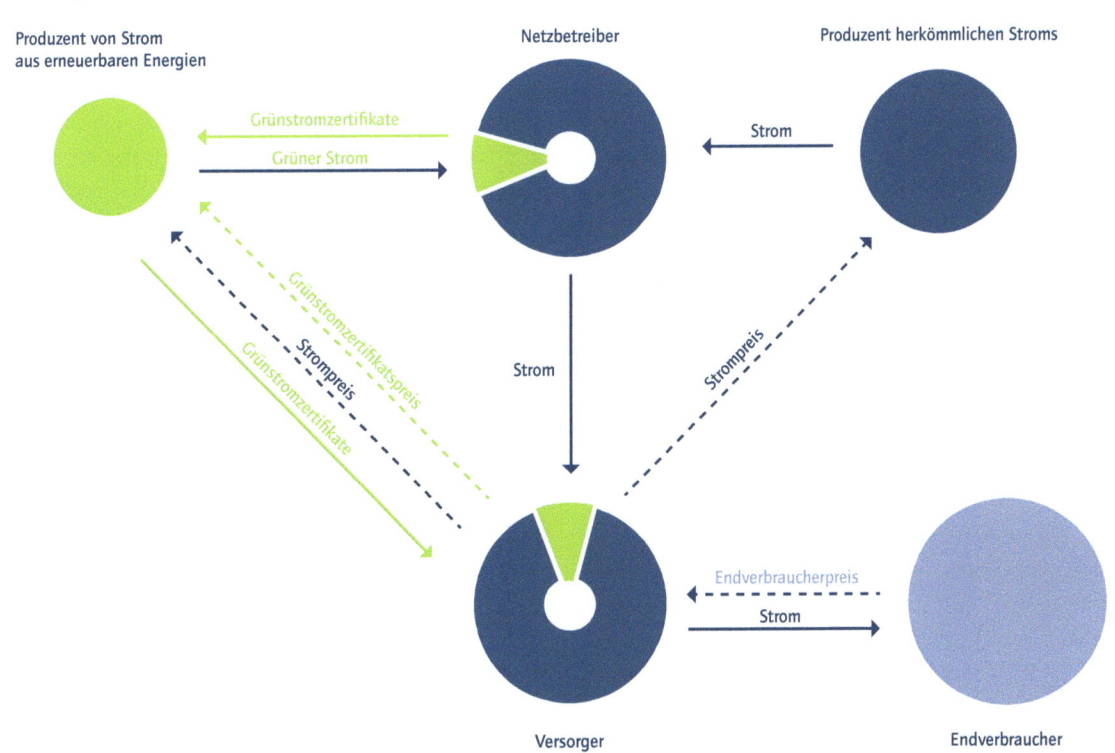

[24] Vgl. Monopolkommission 2011; Sachverständigenrat 2011.
[25] Sachverständigenrat 2011, S. 257.

Anteil ihres an die Endverbraucher gelieferten Stroms aus erneuerbaren Energien zu decken. Die Erfüllung dieser Mindestquote müssten sie jedes Jahr durch eine entsprechende Zahl von Grünstromzertifikaten nachweisen, andernfalls drohten in der Höhe deutlich über den Kosten der fehlenden Zertifikate liegende Strafzahlungen. Die Produzenten von Strom aus Erneuerbaren erhielten diese Grünstromzertifikate für jede eingespeiste Einheit zunächst von den Netzbetreibern, da nur diese bei der Einspeisung von Strom erkennen können, welche Technologie zur Erzeugung verwendet wurde. Die Grünstromzertifikate würden dann periodenübergreifend und mit der Option des Banking an Börsen gehandelt, was extreme Preisschwankungen vermeiden und zu jedem Zeitpunkt einen einheitlichen Marktpreis sicherstellen würde.

Die Produzenten von erneuerbarem Strom erhielten die Vergütung für ihre Einspeisung künftig also aus zwei unterschiedlichen Quellen: einerseits aus dem Verkauf der eingespeisten Strommenge zum jeweiligen Marktpreis, andererseits durch die Veräußerung der damit zugleich generierten Grünstromzertifikate. Über den Zertifikatepreis würde somit eine technologieneutrale Förderung der erneuerbaren Energien gewährleistet. Das Angebot an Grünstromzertifikaten entspräche der Leistung der Produzenten, die Strom aus erneuerbaren Energien erzeugen und einspeisen, während die gesetzliche Mindestquote gleichsam zu einer Mindestnachfrage nach Grünstromzertifikaten führen würde.

Doch jedem Energieversorger wäre es prinzipiell freigestellt, auch eine höhere Quote zu erfüllen. Die Nachfrage nach Grünstromzertifikaten wäre also nicht durch die Quote gedeckelt. Da das Vertrauen der Investoren in die langfristige Gültigkeit des Fördersystems eine zentrale Voraussetzung für den erfolgreichen Ausbau darstellt, würde den Investoren in Anlehnung an die Regelungen des EEG garantiert werden, dass sie für Strom aus ihren neu errichteten Anlagen 20 Jahre lang Zertifikate erhalten werden und die Handelbarkeit der Grünstromzertifikate für diesen Zeitraum garantiert wird.

Gegenüber dem EEG hätte dieses System mehrere Vorteile: Erstens könnte der mengenmäßige Zubau an erneuerbaren Energien besser gesteuert werden als mit der Preissteuerung des EEG. Zweitens würde die technologie- und standortneutrale Förderung dazu führen, dass der weitere Ausbau der Erneuerbaren kosteneffizient erfolgt und die Belastungen infolge der Energiewende für Industrie und Verbraucher verringert werden. Denn aufgrund der einheitlichen Vergütung der Erneuerbaren würde vor allem die jeweils günstigste Technologie an den jeweils am besten geeigneten Standorten eingesetzt. Drittens hätten die Produzenten von erneuerbarem Strom künftig einen starken Anreiz, sich bei der Einspeisung am aktuellen Marktpreis für Strom zu orientieren und selbst in die zur Systemintegration notwendigen Speichertechnologien zu investieren, um den gewinnmaximierenden Einspeisezeitpunkt unabhängig vom Produktionszeitpunkt wählen zu können.

Der wichtigste Vorteil des Quotenmodells und anderer marktorientierter Fördersysteme, wie beispielsweise eines Bonusmodells mit einer technologieunabhängigen Prämie für Grünstrom, liegt darin, dass es eine systemorientierte Rückkoppelung auf die Wirtschaftlichkeit potenzieller weiterer Erneuerbarer-Anlagen bewirkt. So wird beispielsweise der Preis für mit PV erzeugten Strom in sonnenreichen Stunden niedrig sein, wenn bereits viel PV-Kapazität im Markt vorhanden ist. Dadurch würde PV relativ zu anderen Erzeugungsformen, auch relativ zu anderen Formen erneuerbarer Energien, an Wirtschaftlichkeit verlieren und automatisch weniger stark zugebaut. Der über den Strompreis vermittelte Wettbewerb zwischen Technologien und Standorten würde sich daher automatisch an zentralen Systemanforderungen orientieren, deren Berücksichtigung für die Integration der Erneuerbaren in das Energiesystem dringend notwendig ist.

Nicht zuletzt böte dieses System die Perspektive, durch eine sukzessive Harmonisierung mit ähnlichen Fördersystemen in anderen EU-Mitgliedstaaten und die grenzüberschreitende Ausweitung des Zertifikatehandels jene Effizienzreserven zu heben, die auf Ebene des europäischen Strommarkts vorhanden sind.

Allerdings ist jedes neue Förderinstrumentarium, auch ein Quotenmodell, in der praktischen Umsetzung immer nur so gut, wie es seine konkrete Ausgestaltung zulässt.[26] Daher sollte das Design der neuen Förderung im Detail nicht nur sorgfältig auf nicht-intendierte Anreizwirkungen achten, die es gegebenenfalls auslösen könnte. Es sollte auch von Anbeginn an die wissenschaftlich gestützte Evaluation durch unabhängige Dritte vorgesehen werden, wie es in anderen Politikbereichen, etwa beim Einsatz arbeitsmarktpolitischer Maßnahmen, bereits üblich ist.

Beim umsichtigen Design des neuen Instrumentariums sollten insbesondere die Lehren aus den bisher implementierten Ansätzen zur Mengensteuerung des Kapazitätszubaus mithilfe von Quotenmodellen berücksichtigt werden, die ursprünglich nicht von durchschlagendem Erfolg gekrönt waren,[27] aber in ihrer Effektivität und Effizienz durch nachträgliche Modifikationen durchaus erheblich verbessert werden konnten.[28] Die in empirischen Analysen gewonnenen Hinweise zu den wichtigsten Erfolgsfaktoren von Quotensystemen[29] wurden in dem oben dargestellten Modell bereits berücksichtigt.[30]

Ein sicherer Weg vom EEG ins Quotenmodell

Für jedes neue marktorientierte Förderinstrumentarium wäre zu klären, wie der Übergang weg vom EEG zu gestalten wäre. Der Übergang zum Quotenmodell könnte in zwei Schritten erfolgen.[31] Als erster Schritt in Richtung einer kosteneffizienten Erreichung der Ausbauziele sollten umgehend für eine möglichst kurze Übergangsperiode von maximal einem Jahr die Fördersätze für alle neuen Anlagen innerhalb des EEG auf ein einheitliches Niveau harmonisiert werden. Dadurch würde sich der Zubau der erneuerbaren Energien zumindest schon an den jeweiligen Kosten der Stromerzeugung orientieren, wenngleich der Anreiz für eine nachfrageorientierte Einspeisung immer noch gering wäre. Immerhin würde jedoch ein starker Impuls gegeben, die in der Übergangsperiode errichteten Neuanlagen unter gezielter Ausnutzung regionaler Standortvorteile in Bezug auf durchschnittliche Windstärken und Sonnenscheindauer zu errichten, weil der Ausgleich von Nachteilen über zusätzliche Vergütungen bereits entfallen würde.

Im zweiten Schritt würde dann der Systemwechsel auf eine marktbasierte Mengensteuerung durch ein Quotenmodell erfolgen. Neu zu installierende Anlagen unterlägen fortan dem Handel mit Grünstromzertifikaten. Für bereits im Rahmen des EEG installierte Anlagen würde ein Bestandsschutz gelten.[32] Beim zukünftigen Ausbau unter dem Quotenmodell

---

[26] Vgl. IPCC 2012, S. 52-153 sowie S. 855ff.

[27] Vgl. Butler / Neuhoff 2008; Haas et al. 2011; Klessmann et al. 2011.

[28] Vgl. Ragwitz et al. 2012, S. 15-16; IPCC 2012, S. 895-907.

[29] Vgl. Haas et al. 2011, S. 2192.

[30] In allen maßgeblichen Ausbauszenarien der erneuerbaren Energien bis zum Jahr 2050 spielt die Offshore-Windenergie eine große Rolle für die Stromversorgung (vgl. Abschnitt 2.3). In einem einheitlichen Quotenmodell würde diese gegenwärtig noch sehr risikoreiche und kostenintensive Technologie aber wohl vorerst nicht zum Zuge kommen. Falls – was eigens zu begründen wäre – die Politik auf jeden Fall sicherstellen will, dass die Offshore-Windkraft in Deutschland auch kurzfristig weiter verfolgt wird, dann sollte kritisch geprüft werden, ob es sinnvoll sein könnte, diese Erzeugungsart jenseits des Quotenmodells gezielt durch wettbewerbliche Ausschreibungen entsprechender Kapazitäten zu fördern (vgl. SRU 2011, S. 267-273).

[31] Vgl. Sachverständigenrat 2011.

[32] Das Quotenmodell widerspricht insofern keinesfalls der Erwartungshaltung von Investoren, im Gegenteil. Dass das EEG als Förderinstrument im Kontext der Energiewende abgelöst werden muss, hatte beispielsweise der Bankenverband bereits im Oktober 2011 antizipiert: „Unter ordnungspolitischen Gesichtspunkten ist mittel- bis langfristig eine Absenkung bis hin zu einem vollständigen Auslaufen der Einspeisevergütung geboten. Solche Änderungen dürfen jedoch nicht rückwirkend angewandt werden." Die Forderung nach Investitionssicherheit durch stabile Rahmenbedingungen würde durch die dargestellte Ausgestaltung des Quotenmodells sowie den hier skizzierten Migrationspfad vom EEG zum Quotenmodell erfüllt.

würde am vorrangigen Anschluss durch die Netzbetreiber und dem Einspeisevorrang für Strom aus erneuerbaren Energien festgehalten. Der konkrete Pfad für die jährlichen Mindestquoten würde aus den politisch bereits festgelegten Kapazitätszielen für den Ausbau der Erneuerbaren abgeleitet. Ausgangspunkt wäre dabei die zum Zeitpunkt der Umstellung vom EEG auf das Quotenmodell bereits installierte Leistung.

Während einer notwendigen Lernphase seitens der Investoren dürfte es zwar durchaus zu einer Delle in der Ausbaugeschwindigkeit kommen. Diese ist angesichts des rasanten Kapazitätszuwachses der Erneuerbaren in den vergangenen Jahren und des entstandenen Rückstandes im Netzausbau aber nicht nur akzeptabel, sondern durchaus wünschenswert. In mittlerer und langer Frist bietet das Quotenmodell der Politik und potenziellen Neuinvestoren sogar mehr Stabilität als das EEG:[33] Während das alte System durch notwendige Anpassungen der Vergütungssätze immer wieder Schlussverkaufseffekte und damit einhergehend hohe Unsicherheit über die zugebaute Kapazitätsmenge mit sich brachte,[34] würde der politisch festgelegte Ausbaupfad durch das Quotenmodell sehr langfristig und voraussehbar implementiert. Allen Marktteilnehmern wäre von Beginn an klar, zu welchem Zeitpunkt welche Mindestquoten gelten würden. Zur Gewährleistung der für Investoren unabdingbaren Planungssicherheit gehört auch eine frühzeitige Festlegung und transparente Aufklärung über die genaue Wirkungsweise des Modells.

3.1.2 REGIONALE KAPAZITÄTSABDECKUNG SICHERSTELLEN

Vielfach wird derzeit diskutiert, ob es notwendig ist, die Bereitstellung von gesicherter Kraftwerkskapazität mit einem zusätzlichen Anreizmechanismus, einem sogenannten Kapazitätsmechanismus, zu unterstützten. Politisch wird der Ruf nach Kapazitätsmechanismen häufig dadurch begründet, dass die gegenwärtigen Preissignale die zur Gewährleistung von Versorgungssicherheit dringend benötigten Investitionen in Neubauten derzeit nicht rechtfertigen.

Zusätzlich werden weitere, grundsätzliche Argumente vorgebracht, warum die Großhandelsmärkte – sogenannte „Energy only"-Märkte[35] – alleine für die Sicherstellung der Versorgungssicherheit in der anstehenden Marktphase mit hohen Neubauraten unzureichend sein könnten.[36] Dazu zählen unter anderem die mangelnde Preiselastizität der Nachfrage, die mangelnde gesellschaftliche Akzeptanz von Preisspitzen sowie mögliche Marktmachtprobleme in Knappheitssituationen. Durch den subventionierten und mit Vorrang ausgestatteten Zubau von fluktuierend einspeisenden erneuerbaren Energien mit sehr niedrigen Grenzkosten, vor allem PV und Windkraft, werden die in der Theorie genannten Herausforderungen an den „Energy only"-Markt verschärft.

---

[33] Einspeisetarife wie beim EEG stellen die Investoren von den meisten der verschiedenen Risikoarten frei, die im Kontext der erneuerbaren Energien eine Rolle spielen (vgl. die Übersicht in Ragwitz et al. 2012, S. 45) und werden daher oft fälschlicherweise als insgesamt risikominimierend bewertet. Die entsprechenden Risiken verschwinden jedoch nicht, sondern müssen von anderen Akteuren getragen werden. Theoretische Modellierungen weisen darauf hin, dass die Summe aller gesamtgesellschaftlich zu tragenden Risiken in einem Quotenmodell langfristig eher geringer ausfallen dürfte als in einem Einspeisevergütungssystem (vgl. Schmalensee 2012, S. 62).

[34] Der gegen Ende der Bearbeitungszeit dieser acatech POSITION im Vermittlungsausschuss von Bundestag und Bundesrat verabredete Kompromiss bezüglich der weiteren Förderung der Photovoltaik dürfte diese Problematik sogar noch verschärfen. Neben einer weiteren Absenkung der Vergütungssätze wurde vereinbart, dass PV nur noch so lange mithilfe des EEG gefördert werden soll, bis insgesamt eine Kapazität von 52 Gigawatt erreicht ist. Unterstellt man, ausgehend von einer bereits installierten Kapazität von etwa 28 Gigawatt, die Beibehaltung eines jährlichen Ausbaus von etwa 7 Gigawatt, dann könnte das Ende der Förderung für Neuanlagen bereits im Jahr 2016 erreicht werden. Die Kombination einer gedeckelten Maximalkapazität mit parallel sinkenden Fördersätzen dürfte den Wettlauf um die Installation zusätzlicher Anlagen in den nächsten Jahren erst Recht anheizen und entsprechende Kostensteigerungen nach sich ziehen (vgl. Mihm 2012).

[35] Als „Energy only"-Markt wird ein Strommarkt dann bezeichnet, wenn wie bisher in Deutschland keine gesonderten Vergütungen für das Vorhalten von Erzeugungskapazitäten gezahlt werden, und somit prinzipiell allein die Preise für Strom auf dem Großhandelsmarkt die benötigten Anreize für Investitionen in Erzeugungskapazitäten geben können (vgl. Böckers et al. 2012, S. 6).

[36] Vgl. EWI 2012, S. 7ff.; Böckers et al. 2012, S. 4ff.

Kapazitätsmechanismen auf nationaler Ebene

Verschiedene Studien haben sich in der jüngeren Vergangenheit mit der möglichen Einführung solcher Mechanismen befasst, zuletzt die Studie „Untersuchungen zu einem zukunftsfähigen Strommarktdesign" im Auftrag des Bundesministeriums für Wirtschaft und Technologie (BMWi)[37]. Die Analysen machen deutlich, dass in Deutschland auf Ebene der einheitlichen Preiszone derzeit trotz der Teilabschaltung von Kernkraftwerken im März 2011 noch ausreichend Kraftwerkskapazität bereitsteht, um auch die Spitzenlast zu decken. Eine kurzfristige Einführung von Kapazitätsmechanismen, die profitable Kraftwerksinvestitionen auf Ebene der einheitlichen Preiszone gewährleisten, scheint nicht notwendig.

Allerdings weisen diese Studien auch darauf hin, dass etwa ab dem Jahr 2020 der Neubaubedarf von Back-up-Kapazität in einer Größenordnung liegen wird, die den bestehenden „Energy only"-Markt aus diversen Gründen vor zunehmende Herausforderungen stellt. Die Einführung von Kapazitätsmechanismen könnte eine bestimmte Versorgungssicherheit gewährleisten, würde aber andere Effekte nach sich ziehen, wie etwa höhere Transaktionskosten, die Gefahr politischer ad-hoc-Einflussnahme sowie die Verzerrung des Marktgeschehens. Die vorliegenden Studien zeigen, dass die Einführung von Kapazitätsmechanismen auf nationaler Ebene sorgfältig geprüft werden muss, dass hierfür aber noch ausreichend Zeit zur Verfügung steht.

Im Prinzip gelten hier die gleichen Anforderungen an die Politik wie bei der Förderung der erneuerbaren Energien (Kapitel 3.1.1): Es reicht zur überzeugenden Motivation eines staatlichen Eingriffs nicht aus, ein vermeintliches Problem (hier Kapazitätsengpässe, dort Marktversagen)

lediglich allgemein zu benennen. Stattdessen muss das Eingriffsmotiv ebenso konkret charakterisiert wie fortlaufend empirisch auf seine Stichhaltigkeit überprüft werden. Auf dieser Basis wiederum sollte dann die Bewertung die Wirksamkeit des staatlichen Eingreifens im Hinblick auf die jeweils relevanten Ziele unter den Aspekten Effektivität und Effizienz angestrengt werden.

Regionale Kapazitätsengpässe

Auch wenn in Deutschland insgesamt noch hinreichende Erzeugungskapazitäten zur Verfügung stehen, so kann es in einzelnen Regionen doch zu einer Kapazitätsunterdeckung kommen. Regionale Netzengpässe können unter Umständen verhindern, dass eigentlich verfügbare Kapazität (vor dem Engpass) dafür verwendet werden kann, die Nachfrage (hinter dem Engpass) zu bedienen. Bestünde Deutschland aus mehreren Preiszonen, würden diese Unterdeckungen durch entsprechende Preisdifferenzen angezeigt und so standortspezifische Investitionssignale senden. In Deutschland muss aber aufgrund gesetzlicher Vorgaben bisher eine einheitliche Preiszone aufrechterhalten werden, sodass diese Signale nicht vorhanden sind. Netzengpässe werden bisher über sogenanntes Redispatch Management[38] ausgeglichen. Den zum Redispatch herangezogenen Kraftwerken werden allerdings nur die variablen Kosten näherungsweise vergütet, sodass daraus kein zusätzlicher Investitionsanreiz entsteht.

Nüssler (2012) zeigt auf, dass die weitere Abschaltung von Kernkraftwerken im Süden bei gleichzeitigen Neubauten von konventioneller Kapazität vor allem im Westen und Norden in absehbarer Zeit zu einer Kapazitätsunterdeckung im Süden Deutschlands führen kann. Die Wahrscheinlichkeit dafür steigt, wenn der innerdeutsche Netzausbau sich wie bisher verzögert. Kapazitätsmechanismen ohne eine

---

[37] EWI 2012.

[38] Durch Redispatch Management werden beim Auftreten von Engpässen bestimmte Leitungen im Netz durch die Verlagerung von Kraftwerkseinspeisungen entlastet. Der Netzbetreiber greift dabei in den Kraftwerkseinsatz ein und weist einzelne Erzeugungseinheiten an, die Produktion hoch- beziehungsweise zurückzufahren. Redispatch Management ist kein marktbasiertes Verfahren, weil es die durch den Engpass hervorgerufenen Preissignale nicht an die verantwortlichen Marktteilnehmer weitergibt. Das Verfahren kann temporär helfen, ist aber kein Ersatz für die grundsätzliche Behebung von dauerhaften Engpässen durch Netzausbau (Quellen: www.amprion.net/glossar; www.swissgrid.ch/swissgrid/de/home/experts/ppo/redispatch_measures.html).

regionale Komponente würden zur Lösung dieser Herausforderung allerdings nichts beitragen, da die Standortwahl der Kraftwerke weiterhin unabhängig von der jeweiligen Netzsituation auf Basis der in der einheitlichen Preiszone zum Tragen kommenden Fiktion einer völlig engpassfreien Netzstruktur erfolgen würden.

Mögliche Ansatzpunkte zur besseren Berücksichtigung der geographischen Dimension umfassen einerseits die Schaffung verschiedener Preiszonen und andererseits, bei Beibehaltung der einheitlichen Preiszone, eine anreizkompatible Anpassung des Redispatch-Mechanismus oder die Einführung einer geographischen Erzeugungskomponente beim Netzanschluss. In dieser Frage besteht erheblicher weiterer Forschungsbedarf, der aufgrund der zu erwartenden Kapazitäts- und Netzausbauentwicklung deutlich dringender zu sein scheint als die weitere Prüfung der Einführung nationaler Kapazitätsmechanismen.

3.1.3 „SMART GRIDS" IN DEN VERTEILNETZEN ERMÖGLICHEN

Durch die zunehmende Rolle der Stromerzeugung aus Windkraft und PV im Energiesystem der Zukunft ergeben sich zwei große Veränderungen: die Stromproduktion im Verteilnetz mit der daraus resultierenden Lastflussumkehr und die fluktuierende Erzeugung. Die technischen Möglichkeiten zur Bewältigung der fluktuierenden Einspeisung wurden bereits in Kapitel 2.2 erläutert und dort wurde festgestellt, dass zum derzeitigen Zeitpunkt alle Optionen weiter verfolgt werden sollten. Zum Umgang mit der dezentralen Einspeisung muss der Blick aber viel mehr als bisher auf die Verteilnetze gerichtet werden. Hier werden sich die Veränderungen in Verbrauchsverhalten, Geschäftsmodellen und -prozessen am deutlichsten manifestieren.

Die dezentrale Einspeisung führt dazu, dass die Verteilnetze ausgebaut und technisch angepasst werden müssen. Je nach Ausbau von Windkraft und PV werden im Verteilnetz mehrere Hunderttausend Kilometer Leitungen zusätzlich benötigt, während es im Übertragungsnetz „nur" weniger Tausend Kilometer bedarf. Bisher wurden diese Investitionen durch das Prinzip geleitet, zu jedem Zeitpunkt annähernd jede Einspeisung der dezentralen Erzeugung sicherstellen zu können. In Zukunft käme es durch diesen Anspruch, jede Erzeugungsspitze im Netz aufnehmen zu können, jedoch zu einem völlig überzogenen Netzausbau. Denn neue Netzanlagen sind zeitweise obsolet, solange witterungsbedingt keine Einspeisung von Sonnen- oder Windenergie erfolgt. Aus dieser Überlegung ergibt sich also ein grundsätzliches Abwägungsproblem zwischen der möglichen Abschaltung von Erzeugungsanlagen – das heißt letztlich ihrer Steuerung – und dem Netzausbau.

Damit Erzeugungsanlagen im Fall stundenweiser Überschüsse im Verteilnetz, die nicht ins Übertragungsnetz abtransportiert werden können, flexibel auf mögliche Netzprobleme reagieren oder Netzbetreiber diese Anlagen flexibel regeln können, ist es notwendig, in den Verteilnetzen den Aufbau sogenannter „Smart Grids" zu ermöglichen. Dies bedeutet, dass die Erzeugungsanlagen kommunikationstechnisch angebunden werden und auf Ebene der einzelnen Verteilnetze ein umfangreiches Monitoring etabliert werden muss, um die sehr hohe Versorgungssicherheit weiterhin zu akzeptablen Kosten gewährleisten zu können.

Konkret verlangt der Aufbau dieses „intelligenten Netzes" zunächst nach einem auf Standards basierten „Energieinformationsnetz". Dieses kann weitgehend vorhandene IKT-Infrastrukturen verwenden. Dann müssten Messanlagen, Erzeuger und Verbraucher im Verteilnetz mit kleinen eingebetteten Computern und einer sicheren Kommunikationsanbindung ausgestattet werden. Die Verteilnetzbetreiber werden in diesem System künftig sowohl ein aktiver „Enabler" für die zukünftigen Energiemärkte sein als auch die Systemstabilität lokal sichern und den Übertragungsnetzbetreiber bei der Sicherung der Systemstabilität des europäischen Stromsystems maßgeblich unterstützen.

Mögliche konkrete Schritte für den Umbau zu „Smart Grids" wurden in der acatech STUDIE „Future Energy Grid"[39] erarbeitet und ausführlich dargestellt. Die wichtigsten Handlungsempfehlungen lauten:

— Der Verteilnetzbetreiber muss in die Lage versetzt werden, auch bei hoher Einspeisung erneuerbarer Energien möglichst ohne Markteingriff oder Notabschaltungen das Netz stabil zu halten. Dazu sind „regionale Marktplätze" zu errichten, an denen sich der Netzbetreiber (diskriminierungsfrei) Systemdienstleistungen für sein Netz bei den jeweiligen Bilanzkreisverantwortlichen einkaufen kann. Dies kann in gewisser Analogie zum Regelenergiemarkt der Übertragungsnetzbetreiber erfolgen.

— Es muss reguliert werden, wann in neue Betriebsmittel (Leitungen und Transformatoren) zu investieren ist oder intelligente Betriebsführung seitens des Verteilnetzbetreibers zugelassen wird, um neben der Sicherstellung der Systemstabilität auch die Verringerung notwendiger Netzausbaukosten zu erreichen. Auch auf Verteilnetzebene sollte das Prinzip der verursachergerechten Netzentgelte Eingang in den Gesetzesrahmen finden. Insbesondere muss der institutionelle Rahmen zukünftig am Primat der Kosteneffizienz ausgerichtete Abwägungen zwischen forciertem Netzausbau und der marktbasierten Abschaltung von Erneuerbaren-Anlagen ermöglichen. Denn nicht jede Erzeugungsspitze muss auch in die höheren Netzebenen abgeführt werden.

— Als notwendige Voraussetzung benötigt der Netzbetreiber Anreize, in die entsprechende intelligente Infrastruktur zu investieren. Da in Deutschland derzeit über 800 Netzbetreiber aktiv sind, die nicht alle in der Lage sein werden, die neue Art der Netzbetriebsführung zu planen und durchzuführen, ist dafür eine Lösung zu finden. Vorgeschlagen wurde dazu unter anderem von der Bundesnetzagentur (BNetzA) die Zusammenlegung von Netzen und die Betriebsführung durch Dritte.

— Die Verbraucher können noch weiter in den Markt eingebunden werden. Als erster Schritt sollte es den Lieferanten ermöglicht werden, den Stromverbrauch der Haushaltskunden selbständig abzuschätzen und am Markt einkaufen und abrechnen zu dürfen. Dies würde zumindest für einige Kunden den Einbau von Smart Metern und variablen Tarifen attraktiv machen. Ein weiteres Geschäftsmodell würde entstehen, wenn variable Tarife genutzt würden, um zu Systemdienstleistungen oder der Ausbalancierung der variablen Erzeugung beizutragen. Wesentliche *Voraussetzung* für Smart Meter in Deutschland ist also das Smart Grid und die Marktintegration der Erzeugung erneuerbarer Energien.

— Die sich abzeichnende neue Struktur der Stromversorgung lässt an das Internet denken, sodass auch bereits früh von einem „Internet der Energie" gesprochen wurde. Eine Parallele lässt sich für die Investitionsbereitschaft ziehen: Die erfolgreichen Geschäftsmodelle im Internet beruhen alle darauf, dass eine Infrastruktur vorhanden ist, die allen Teilnehmern zur Verfügung steht, und auf allgemein verfügbaren Standards als Schlüsselelement. Grundlegende Innovationen haben dadurch geringe Eintrittsbarrieren, treffen einen großen Markt und können bei geringen Transaktionskosten auch durch eine große Menge kleiner Transaktionen enorme Umsätze generieren. Beim Aufbau der „Smart Grids" sollte daher auf Basis des Internets ein Energieinformationsnetz als „Markt-Enabler" errichtet werden, das soweit wie möglich die internationale Standardisierung berücksichtigt – nicht zuletzt, um sich internationale Märkte zu erschließen. Bei den elektronischen Zählern, der Marktkommunikation und dem Betreiberkonzept besteht hier noch großer regulatorischer Handlungsbedarf.

3.1.4 INVESTOREN DAS ENGAGEMENT IN DER ENERGIEWENDE ERMÖGLICHEN

Bedeutsam für Investitionstätigkeit ist vor allem die Verfügbarkeit von ausreichendem Eigenkapital. Die Eigenkapitalreserven der Netzbetreiber und Versorger werden dabei

---

[39] Appelrath et al. 2012.

häufig nicht ausreichen, um die anstehenden Investitionen zu stemmen. Daher wird es von zentraler Bedeutung sein, institutionelle oder finanzwirtschaftliche Investoren in die Finanzierung einzubinden. Für alle Eigenkapitalgeber, aber vor allem für bislang branchenfremde Investoren, stehen dabei zwei Aspekte im Vordergrund: 1. Das Verhältnis von Risiko zu erwartetem Ertrag. 2. Die Sicherheit, mit der dieses Verhältnis abgeschätzt werden kann, also vor allem die Planbarkeit und Verlässlichkeit der regulatorischen Rahmenbedingungen. Insbesondere für bisher branchenfremde institutionelle Investoren (Versicherungen, Pensionskassen etc.) scheint der zweite Aspekt derzeit von deutlich größerer Bedeutung zu sein als der Erste.

Jede Veränderung der Rahmenbedingungen führt daher zunächst zu einer Investitionszurückhaltung seitens der finanzierenden Institutionen, die erst lernen müssen, die Wirkung der neuen Rahmenbedingungen auf das jeweilige Risiko-Ertragsprofil der Projekte einzuschätzen. Rahmenbedingungen sollten daher so graduell wie möglich weiter entwickelt werden. Wo dies wie vor allem beim EEG (s.o.) nicht möglich ist, sollten fundamental neue Mechanismen sowohl bezüglich des Zeitpunktes ihrer Einführung als auch bezüglich ihrer Ausgestaltung die Fähigkeit der Marktteilnehmer, ihre Wirkungsweise rasch zu begreifen, als wichtiges Kriterium berücksichtigen.

Kritisch zu werten ist insbesondere vor dem Hintergrund der notwendigen Investitionen in die Übertragungs- und Verteilnetze der Trend zu einer zunehmenden Rekommunalisierung der Verteilnetze. Zum einen drohen dadurch die Netze zumindest teilweise zu zersplittern und Größenvorteile verlorenzugehen. Investitionen in die Netzaufrüstung würden sich entsprechend verteuern. Zum anderen droht auch die Gefahr, dass sich Investitionen in Netzinfrastrukturen bei einer Rekommunalisierung primär an den Erfordernissen der kommunalen Haushalte orientieren und weniger an Erfordernissen der übrigen Marktteilnehmer in der Energiewirtschaft, also der Erzeuger, Übertragungsnetzbetreiber oder Verbraucher.

Nicht zuletzt wird die zunehmend komplexere IKT-gestützte Betriebsführung von „Smart Grids" die kleinen Betreiber überfordern. Zudem ist unklar, wie die finanziell oft nicht allzu stark aufgestellten Kommunen das notwendige Eigenkapital für die Finanzierung der notwendigen Investitionen im Netzbereich bereitstellen könnten. Rekommunalisierung müsste also wohl notwendigerweise mit innovativen Finanzierungskooperationen mit branchenfremden Eigenkapitalgebern einhergehen.

Eine breite Palette innovativer Finanzierungsinstrumente, die neben langfristigen Krediten beispielsweise auch Bürgerbeteiligungsmodelle, Fondsstrukturen, Verbriefungen und Projektanleihen umfasst, sollte zum Einsatz kommen können. Durch eine Anpassung entsprechender rechtlicher und regulatorischer Rahmenbedingungen sollte neben institutionellen Anlegern einem möglichst breiten Spektrum von Investoren das Engagement in der Energiewende ermöglicht werden.[40] Das könnte einerseits die Akzeptanz der Energiewende auf eine breitere Grundlage stellen und zum anderen die Abhängigkeit von einzelnen Investoren beziehungsweise Klassen von Investoren verringern. Es ist jedoch absehbar, dass größere und institutionelle Investoren künftig eine wichtigere Rolle bei der Finanzierung des Kapazitätsausbaus spielen werden, als dies bisher der Fall war.

Unter dem EEG ist die Renditesicherheit auf Ebene der einzelnen Anlage konstruktionsbedingt sehr hoch. Dies würde unter dem zur Marktintegration der erneuerbaren Energien in dieser acatech POSITION als Beispiel für eine marktorientierte Steuerung vorgestellten Quotenmodell nicht der Fall sein. Allerdings ließe sich aus Investorensicht eine höhere Renditesicherheit vor allem dadurch erreichen, dass unterschiedliche Investitionen in Anlagen zur Erzeugung erneuerbarer Energien mit verschiedenen Technologien, an unterschiedlichen Standorten in einem Investitionsportfolio zusammengefasst werden. Die auf diese Weise erzielbare Absicherung einer Mindestrendite durch Risikodiversifizierung steht kleineren Investoren nicht im gleichen Ausmaß

---

[40] Vgl. Bankenverband 2011; GDV 2012.

unmittelbar zur Verfügung. Über Fonds- und Beteiligungsmodelle wäre ein kleinteiliges Engagement jedoch weiterhin möglich und ebenso eine durch Diversifizierung erzielbare Strukturierung der Risiken realisierbar.

3.1.5 ERGEBNISOFFENE INNOVATIONS- UND TECHNOLOGIEPOLITIK BETREIBEN

Eine ideale Innovations- und Technologiepolitik würde einen verlässlichen Preispfad für Treibhausgasemissionen gestalten, die Infrastruktur für Innovationen ausbauen und einen ungehinderten Innovationswettbewerb privater Akteure sicherstellen. Das sind im Kontext der Energiewende die entscheidenden drei Voraussetzungen für technologischen Fortschritt. Allenfalls zusätzlich kann die Suche nach innovativen Lösungen für den vollständigen Umbau des Systems der Energieversorgung durch gezielte innovationspolitische Eingriffe flankiert werden. Diese Eingriffe müssen dann jedoch als Teil eines Entdeckungsprozesses aufgefasst werden, nicht als der Vollzug der Vorstellungen eines vorausschauenden Planers.[41] Statt eine auf einzelne Technologien fokussierte und damit relativ markt- und wettbewerbsnahe Politik zu betreiben, sollte der Staat vor allem die Grundlagenforschung – und im Kontext der Energiewende hier insbesondere die Materialforschung – fördern.

Die Ausgestaltung des EEG erfüllt die oben genannten Voraussetzungen nicht. Durch die künstliche Schaffung eines ausreichend dimensionierten Marktes sollten vermeintliche Zukunftstechnologien in Deutschland angesiedelt werden, sodass die derart geförderten Unternehmen dauerhaft globale Marktanteile erobern können. Zwar lässt die breit angelegte Förderung unterschiedlicher Erzeugungstechniken im Prinzip zu, dass sich anfänglich weniger kostengünstige Lösungen nach einiger Zeit am Markt durchsetzen könnten, aber weder ist dieses Förderinstrument zeitlich begrenzt

ausgestaltet noch bietet es die Möglichkeit, einer Fehlsteuerung wie bei der PV effektiv den Riegel vorzuschieben.[42]

Die in dieser acatech POSITION empfohlene marktorientierte Steuerung, wie sie zum Beispiel in einem Quotenmodell realisiert werden kann, trennt das Erreichen der Ausbauziele klar von technologiepolitischen Zielen. Die wirtschaftspolitische Strategie zur Energiewende muss daher zusätzlich eine flankierende Innovations- und Technologiepolitik umfassen. Sie sollte im Hinblick auf das Ergebnis ihrer Bemühungen offen und auch dazu bereit sein, Rückschläge und die Abschreibung eingesetzter Ressourcen hinzunehmen. Technologiepolitisch motivierte Eingriffe und Demonstrationsprojekte zur Ergänzung des Quotenmodells müssten jedoch einer unmissverständlichen zeitlichen Begrenzung der Förderung unterliegen und einer kritischen Evaluation ihrer Ergebnisse unterzogen werden.[43]

3.2 EINBETTUNG DER ENERGIEWENDE IN DIE EU-ENERGIEPOLITIK

Der aktuelle Ordnungsrahmen für die Elektrizitätswirtschaft ist im Mehrebenensystem EU-Bund-Länder nicht kohärent. Er kann daher die Erreichung der explizit gesetzten Ziele und der impliziten Nebenbedingungen nicht sicher gewährleisten. Und er ist volkswirtschaftlich in erheblichem Maße ineffizient, mit großen Verteilungswirkungen, die zunehmend zu politischen Konflikten führen können. Zudem ergeben sich erhebliche Wechselwirkungen mit den europäischen Nachbarländern, sowohl in den Bereichen von Stromerzeugung und -handel, vermittelt über den gemeinsamen Preis, als auch im Bereich der Netze, etwa bei der Durchleitung.

Es erscheint daher dringend geboten, die Ziele der deutschen Energiewende mit der EU-Energiepolitik und den Regeln des

---

41 Vgl. Sachverständigenrat 2009.
42 Vgl. Sachverständigenrat 2009; BMWA 2004.
43 Vgl. Sachverständigenrat 2009.

Binnenmarktes in Einklang zu bringen. Angesichts der Wechselwirkungen sollte dabei auch überprüft werden, welche (nationalen) Ziele verbindlich und sicher implementiert werden sollen, und welche Ziele für die nationale Ebene eher indikativen Charakter haben. Drei Handlungsfelder sollten auf Ebene der europäischen Politik im Mittelpunkt stehen: die Stärkung und langfristige Ausgestaltung des EU-ETS, die schrittweise Einführung und länderübergreifende Verknüpfung von marktbasierten Förderinstrumenten, beispielsweise Quotenmodellen, zur Förderung der erneuerbaren Energien innerhalb der EU sowie die Harmonisierung der Rahmen- und Nebenbedingungen, wobei auch der bewusste Verzicht auf redundante und damit ineffiziente Instrumente eine wichtige Rolle spielen sollte.

3.2.1 DEN EMISSIONSHANDEL STÄRKEN UND AUSBAUEN

Die größte ordnungspolitische Priorität auf europäischer Ebene muss darin bestehen, den EU-ETS als kosteneffizientes Leitinstrument im Bereich der Energie- und Klimapolitik zu stärken und seine langfristige Ausgestaltung voranzutreiben. Dabei sollten innerhalb der EU einerseits die konsequente Erweiterung um weitere Sektoren und andererseits die Optimierung des Handelssystems im Vordergrund stehen. Für letzteres ist insbesondere erforderlich, die langfristigen CO_2-Minderungsziele auf europäischer Ebene über das Jahr 2020 hinaus verbindlich und im Einklang mit den klimapolitischen Zielsetzungen zu definieren und ihre Erreichung prioritär dem Emissionshandel zu übertragen. Auch sollte das periodenübergreifende Banking von Zertifikaten ermöglicht werden, um eine Stabilisierung der Preisbildung zu befördern.[44] Zur institutionellen Stärkung des Emissionshandels und seiner Immunisierung insbesondere gegenüber industrie- und

verteilungspolitischen Zielen der Mitgliedstaaten sollte seine Überwachung perspektivisch einer weitgehend unabhängigen Institution vergleichbar der Europäischen Zentralbank (EZB) übertragen werden.

Alle über den Emissionshandel hinausgehenden Fördermaßnahmen und Regulierungen, seien sie auf nationaler oder europäischer Ebene angesiedelt, dürfen die Akteure am europäischen CO_2-Markt nicht zu der Erwartung verleiten, dass erhebliche Teile der im sogenannten Cap festgelegten CO_2-Reduktion durch zusätzliche Steuern auf CO_2-Emissionen, Zwangszuschläge auf den Strompreis oder ähnliche dem Wettbewerb entzogene Finanzierungsformen erbracht werden können und dadurch die vom Emissionshandel eigentlich auferlegte Budgetbeschränkung umgangen und massiv entspannt werden könnte. Mittelfristig sollte ein auf diese Weise gestärkter EU-ETS dann schließlich gezielt für außereuropäische Länder geöffnet werden, um diesem Instrument die angestrebte Wirksamkeit im Kontext der globalen Klimapolitik zu verleihen.

3.2.2 MARKTORIENTIERTE FÖRDERUNG IN DER EU LÄNDERÜBERGREIFEND VERWIRKLICHEN

Unter der Prämisse, dass der EU-ETS wie oben dargestellt als Leitinstrument gestärkt wird, sollten die in einzelnen EU-Mitgliedstaaten vorhandenen Fördermodelle mit technologiespezifischen Einspeisetarifen nach dem Vorbild des EEG ebenfalls sukzessive in technologieneutrale und EU-Binnenmarkt-konforme Fördersysteme für erneuerbare Energien überführt werden, soweit den jeweiligen Mitgliedstaaten eine zusätzliche Förderung von CO_2-Vermeidungstechnologien über die ohnehin durch den Emissionshandel vermittelten Anreize hinaus notwendig erscheint. Besonders vorteilhaft wäre in diesem Kontext die schrittweise Einführung

---

[44] Um den kurzfristigen Kollaps des Emissionshandels zu verhindern, werden in der Literatur eine Reihe weiterer Maßnahmen diskutiert. Neben diversen Vorschlägen zur Reduzierung der Überausstattung mit Zertifikaten zählen dazu die Etablierung von Mindestanreizen durch Einführung eines Mindestpreises für Zertifikate, die Einführung eines Höchstpreises für Zertifikate zur Begrenzung der möglichen Belastungen sowie ein Grenzsteuerausgleich zur Verhinderung von internationalen Emissionsverlagerungen in Länder außerhalb des EU-ETS (vgl. SRU 2011, S. 249-256; Tindale 2012).

eines europaweit einheitlichen Systems mit Marktorientierung, wie beispielsweise eines Quotenmodells.

So könnte durch einen grenzüberschreitenden Handel der Grünstromzertifikate in einem international harmonisierten Quotenmodell eine weitere Kostensenkung erreicht werden, weil jedes Land tendenziell spezifische Vorzüge für die Nutzung der unterschiedlichsten Erzeugungstechnologien aufweist. Zudem ließe sich durch ein länderübergreifendes Quotenmodell die Schwankungsintensität im europäischen Verbund stärker mindern, als dies im nationalen Rahmen möglich wäre, etwa bei der Windenergie. Da derzeit nur ein kleiner Teil der europäischen Länder, darunter Großbritannien, Schweden, Polen, Belgien, Italien und ab dem Jahr 2015 auch die Niederlande, über mengenbasierte Verfahren verfügen,[45] könnte nach einem Systemwechsel in Deutschland als erster Schritt zumindest mit diesen Ländern ein gemeinsamer Zertifikatemarkt geschaffen werden.[46]

Dieses europäisch harmonisierte Vorgehen könnte dann sukzessive um jene Länder erweitert werden, die zukünftig ebenfalls auf mengenbasierte Verfahren umsteigen. Durch die auf diesem Wege erzielte Harmonisierung der Fördermechanismen in der EU würden zudem die Planungssicherheit für Investoren erhöht und als Konsequenz ihre Renditeforderungen tendenziell sinken.[47]

3.2.3 DIE RAHMEN- UND NEBENBEDINGUNGEN VERBESSERN UND HARMONISIEREN

Auf Ebene der EU sollte eine möglichst weitgehende Harmonisierung der energiepolitischen Rahmen- und Nebenbedingungen verwirklicht werden. Dabei kann und sollte die Harmonisierung gerade auch darin bestehen, bewusst auf zum EU-ETS (und seiner optionalen Ergänzung durch ein länderübergreifendes Quotenmodell o. Ä.) redundante und daher ineffiziente Instrumente zu verzichten. In diesem Kontext gehört insbesondere die Europäische Energieeffizienzrichtlinie auf den Prüfstand. Sie ist bei bestehendem Emissionshandel im Hinblick auf das klimapolitische Ziel redundant, verursacht aber hohe volkswirtschaftliche Kosten.

Darüber hinaus sollte die Energiemixpolitik für Strom in Europa harmonisiert werden, zumindest für weitgehend engpassfrei miteinander verbundene Regionen, innerhalb derer sich ohnehin kein nationaler Energiemix verwirklichen lässt. Die für Deutschland relevante Region würde mindestens Frankreich, die Benelux-Staaten, Dänemark (West), Polen, die Tschechische Republik und Österreich sowie die Schweiz umfassen. Innerhalb dieser Region sollte auch ein gemeinsames Verständnis von Versorgungssicherheit erarbeitet und anschließend durch die erforderlichen grenzübergreifenden Mechanismen und Investitionen sichergestellt werden. Im gleichen Rahmen sollte zur europäischen Einbettung der Energiewende auch eine gemeinsame Zielsetzung für die Höhe der für die Stromverbraucher maximal akzeptablen finanziellen Zusatzbelastung erarbeitet werden. Auch sollte die grenzüberschreitende Zusammenarbeit der Übertragungsnetzbetreiber gestärkt und ihr Zugang zu Informationen über die Stromflüsse im europäischen Verbundnetz verbessert werden.

Nicht zuletzt fällt unter die Harmonisierung der Rahmen- und Nebenbedingungen auch, dass die europäische Klima- und Energiepolitik stärker mit einer entsprechend ausgestalteten Forschungspolitik verzahnt werden. Denn insbesondere eine langfristig erfolgreiche Klimapolitik setzt erhebliche technologische Veränderungen voraus, für die bislang noch entscheidende Grundlagen fehlen, etwa im Bereich der Energiespeicherung, der alternativen Energiegewinnung, der Kohlenstoffabscheidung und -speicherung

---

[45] Vgl. Ragwitz et al. 2012, S. 11-12.

[46] Durch die drei in der Erneuerbare-Energien-Richtlinie eingerichteten Instrumente für internationale Kooperationen zur Erreichung der verpflichtenden nationalen Ausbauziele („statistical transfer", „joint projects" und „joint support schemes") wurden grundlegende rechtliche und institutionelle Voraussetzungen dafür bereits geschaffen (vgl. Ragwitz et al. 2012, S. 46-61).

[47] Vgl. GDV 2012, S. 7.

(Carbon Capture and Storage, CCS) beziehungsweise der Kohlenstoffabscheidung und -nutzung (Carbon Capture and Use, CCU). Wie erfolgreich der Markt künftig Antworten auf die Rahmenbedingungen der Energiewende liefern kann, hängt entscheidend davon ab, welche Fortschritte in der Grundlagenforschung und der angewandten Forschung gemacht werden.[48]

3.3 EU-ETS DURCH EIN FONDSMODELL SCHRITTWEISE GLOBALISIEREN

Mit dem Wechsel vom EEG zu einer marktbasierten Steuerung, etwa im Rahmens eines Quotenmodells, würde Deutschland nicht mehr länger durch seinen massiven Zubau von PV-Kapazitäten der ganzen Welt das „Abreiten der Lernkurve" in dieser spezifischen Technologie zu weiten Teilen finanzieren, die in anderen Ländern mit günstigeren Voraussetzungen im Hinblick auf die Sonneneinstrahlung tatsächlich einen relevanten Beitrag zur Emissionsvermeidung erbringen kann. Es ist daher sinnvoll, diese bisher in erheblichem Umfang durch das deutsche EEG erbrachte Leistung künftig im Kontext eines internationalen Fondssystems, wie dem Green Climate Fund, zu realisieren. Auf diese Weise wäre sichergestellt, dass die Kosten für die Förderung des Ausbaus der erneuerbaren Energien in Entwicklungsländern international verteilt getragen werden. Hinzu käme ein Gewinn an Transparenz, weil diese Form der technologischen Klima-Entwicklungshilfe für die Bevölkerung der Geberländer klar als solche erkennbar wäre und sich nicht länger als intransparenter und von der Politik nicht offen artikulierter Nebeneffekt eines vorgeblich für ganz andere Ziele etablierten Fördersystems einstellen würde.

Interaktion von Energie- und Klimapolitik
Die Energiewende wird in Deutschland aktuell fälschlicherweise als ein rein nationales Projekt begriffen. Ob sie schließlich erfolgreich gelingt, wird nämlich letztlich davon abhängen, ob sie einen relevanten Beitrag zum Erreichen eines internationalen Klimaabkommens beziehungsweise zum Entstehen einer so großen Staatenkoalition unter Einbeziehung großer Schwellen- und Entwicklungsländer leisten kann, dass eine im globalen Maßstab wirksame Vermeidung von CO_2-Emissionen erreicht wird. Denn im nationalen Alleingang ist eine Lösung des Klimaproblems nicht möglich. Selbst wenn Deutschland sämtliche Treibhausgasemissionen einstellen würde, wäre ein Klimaeffekt weder mess- noch spürbar. Auch Europa kann den globalen Klimawandel alleine nicht aufhalten.[49]

Die enormen Investitionen zur Umstellung des deutschen Energiesystems auf eine nahezu vollständig von erneuerbaren Energien getragene Elektrizitätsversorgung können daher letztlich nur gerechtfertigt werden, wenn parallel alles daran gesetzt wird, das Ziel der Emissionsvermeidung nicht nur in Deutschland, sondern im globalen Maßstab zu verwirklichen. Daraus resultiert die zwingende Notwendigkeit, die Energiewende in Deutschland aus einer globalen Perspektive zu denken und ihre Einbettung in die internationale Klimapolitik sicherzustellen. Dieser abschließende Abschnitt der vorliegenden acatech POSITION präsentiert die beiden wichtigsten Handlungsempfehlungen der vorangehenden Abschnitte daher im Lichte der Interdependenz von Energie- und Klimapolitik und leitet daraus eine weitere zentrale Handlungsempfehlung ab.

Zentrale Herausforderungen der Klimapolitik
Zwei fundamentale politische Aufgaben müssen für eine Lösung des Klimaproblems bewältigt werden: Erstens die Vereinbarung eines globalen Kohlenstoffbudgets, welches die Größe der in der Atmosphäre noch zur Verfügung stehenden „Deponie" für die Ablagerung von Treibhausgasen definiert. Diese Aufgabe kann insofern als erledigt betrachtet werden, als die Weltgemeinschaft mit der Einigung auf

---

[48] Das Energieforschungskonzept der deutschen Akademien der Wissenschaften (Leopoldina / acatech / BBAW 2009) unterbreitet Vorschläge für relevante Forschungsschwerpunkte für die Energieversorgung der Zukunft und verweist insbesondere auch auf den Bedarf an einer gesamtsystemischen und internationalen Perspektive der Energieforschung.
[49] Vgl. Edenhofer et al. 2011; Weimann 2012.

das „2°C-Ziel" implizit auch ein Budget an Treibhausgas-Emissionen festgelegt hat, das die Menschheit noch im Deponieraum der Atmosphäre ablagern kann.

Zweitens muss die regionale Verteilung der Rechte für die Nutzung dieser Deponie festgelegt werden. An dieser Aufgabe sind die Verhandlungen von Kopenhagen jedoch dramatisch gescheitert. Der Verteilungskonflikt resultiert im Kern daraus, dass mit der Beschränkung des Deponieraums der Atmosphäre einerseits eine wertvolle Ressource in Form zugeteilter Emissionsrechte entstünde, aber gleichzeitig eine andere, bisher wertvolle Ressource vernichtet würde, da große Teile der noch in der Erde lagernden Kohlenstoff-Vorräte nicht mehr abgebaut und verbrannt werden könnten. Im Ergebnis würden erhebliche und die Länder unterschiedlich betreffende Umverteilungseffekte resultieren.

Um ein wirksames Klimaabkommen zu erzielen, muss dieser Verteilungs- und Interessenkonflikt überwunden werden. Da die Bereitschaft eines Landes zu einer ambitionierten Klimapolitik umso größer sein dürfte, je günstiger die spezifische Kosten-Nutzen-Relation ausfällt und je schneller sich Kosten und Nutzen materialisieren und damit für die jeweiligen Regierungen und ihre Wähler erlebbar werden, bieten sich im Wesentlichen folgende drei Ansatzpunkte[50]: Erstens die Senkung der Klimaschutzkosten durch eine effizientere Politik zur Minderung von CO_2-Emissionen, zweitens die Verbindung von Klimaschutzvereinbarungen mit anderen Abkommen (Issue Linkage) und mit Sanktionen (insbesondere Handelsbeschränkungen) sowie drittens die Verbindung von Klimaschutzabkommen mit Transferleistungen (Seitenzahlungen).

Die Nutzung der ersten Option, zum Beispiel durch ein europaweit einheitliches Quotenmodell, wird in dieser acatech POSITION empfohlen und detailliert begründet: Wenn Deutschland durch einen Wechsel vom EEG zum Quotenmodell die Ineffizienz der bisherigen Förderpraxis für die erneuerbaren Energien reduzieren und zugleich auf

europäischer Ebene der EU-ETS als Leitsystem der Emissionsvermeidung revitalisiert würde, dann könnte aus diesem Zusammenspiel eine „Best practice" werden, die nicht nur die Klimaschutzkosten in Europa senkt, sondern auch anderen Ländern und Regionen als Vorbild dienen kann.

Die zweite Maßnahme wurde zwar in der Vergangenheit bereits verschiedentlich – beispielsweise beim Beitritt Russlands zum Kyoto-Protokoll durch die Zusage der EU, im Gegenzug die Aufnahme des Landes in die Welthandelsorganisation WTO zu unterstützen – praktiziert, jedoch mit unterschiedlichem Erfolg. Handelszölle gegen Länder ohne klimapolitische Anstrengungen dürften zwar die Kooperationschancen erhöhen, allerdings sind die Spielräume hier eng begrenzt. Denn Sanktionen könnten als protektionistische Maßnahmen schnell mit den Regeln der WTO in Konflikt geraten.

Vor diesem Hintergrund erscheint es die aussichtsreichste Strategie zu sein, komplementär zur Senkung der Klimaschutzkosten mithilfe von Transferleistungen oder Seitenzahlungen auf ein möglichst globales Klimaschutzabkommen hinzuwirken. Der Grundstein für diesen Ansatz wurde bereits in Kopenhagen gelegt, als die Industriestaaten den Entwicklungsländern zusagten, finanzielle Transfers in Höhe von 30 Milliarden US-Dollar zwischen den Jahren 2010 und 2012 sowie jährlich im Volumen von 100 Milliarden US-Dollar ab dem Jahr 2020 zu leisten, wobei die letztgenannte Summe auch Investitionen von privater Seite umfassen soll. In Cancún wurde dann der Green Climate Fund (GCF) zur Koordination der zugesagten Finanzflüsse beschlossen, er soll im kommenden Jahr seine Arbeit aufnehmen und Entwicklungsländer bei der Emissionsvermeidung und der Anpassung an die Folgen des Klimawandels unterstützen.

Ein „Bottom-up-Verfahren" zur Internationalisierung des EU-ETS

Diese Initiative kann nur dann erfolgreich sein, wenn nunmehr (mindestens) die in Kopenhagen zugesagten Finanzmittel von den Industrieländern tatsächlich bereitgestellt

---

[50] Vgl. Edenhofer et al. 2011.

werden. Angesichts der für die Energiewende in Deutschland und die europäische Klimapolitik an anderer Stelle bereits eingesetzten und insbesondere angesichts der noch vorgesehenen Mittel, sollte Europa an dieser Stelle seine Zusagen auf jeden Fall einhalten. Jedoch leiden die Einzahlungen in den GCF unter dem gleichen kollektiven Koordinierungsproblem wie die internationale Klimapolitik insgesamt: Von einer positiven Wirkung könnten auch jene Staaten nicht ausgeschlossen werden, die ihre individuelle Finanzzusage nicht einhalten. Damit besteht für die einzahlenden Staaten ein hohes Risiko, dass ihre Zahlungsbereitschaft durch Freifahrer ausgebeutet und der erhoffte Effekt zunichte gemacht wird.

Als pragmatische Ergänzung zu diesem zentralen „Top-down-Ansatz", der auf die Herbeiführung eines globalen Klimaabkommens durch Transferleistungen und Seitenzahlungen setzt, könnte Europa daher die Ernsthaftigkeit seiner in der Klimapolitik angestrebten Vorreiterrolle zusätzlich durch ein dezentrales „Bottom-up-Verfahren" unter Beweis stellen.[51] Die EU würde dabei gezielt Zahlungen nur an solche Länder leisten, die im Gegenzug dem EU-ETS beitreten. Gleichzeitig würde sich die EU dazu verpflichten, die mit einer Ausweitung seines Handelssystems erzielbaren Effizienzgewinne

in Form substantieller Transfers an die neu beigetretenen Schwellen- und Entwicklungsländer auszuzahlen.[52] Dieser „Bottom-up-Ansatz" erscheint im Moment das aussichtsreichste Verfahren zu sein, um das Entstehen einer für wirksamen Klimaschutz hinreichend großen Staatenkoalition zu ermöglichen.

Um durch die Energiewende nicht nur eine weitgehende Umstellung des nationalen Energiemix auf Erneuerbare bei der Stromerzeugung zu bewirken, sondern den mit diesem Zwischenziel letztlich verfolgten Zweck zu erreichen, einen irreversiblen Klimawandel mit dramatischen Folgen zu verhindern, sollte Deutschland sich daher auf europäischer Ebene für die dargestellte Kombination von Transfersystem und Emissionshandel einsetzen. Denn falls es letztlich nicht gelänge, bald eine große Staatenkoalition für wirksamen Klimaschutz zu schmieden, wäre selbst eine Energiewende, auf deren Realisierungspfad alle in dieser acatech POSITION dargestellten Hürden technischer, finanzieller und politischer Natur erfolgreich überwunden werden, letztlich gescheitert und die verausgabten Milliarden umsonst investiert. Seiner angestrebten Vorreiterrolle und Vorbildfunktion kann Deutschland daher nicht durch die Energiewende allein gerecht werden.

---

[51] Vgl. Weimann 2012.

[52] Wie ein Mechanismus konkret aussehen könnte, der einerseits die notwendigen Umverteilungen leistet und andererseits die zur Transferzahlung bereiten Staaten sowohl vor Ausbeutung schützt und zugleich sichert, dass sie langfristig eine ökologische Dividende davontragen können, wird in Weimann (2012) skizziert.

4 FAZIT UND WICHTIGSTE HANDLUNGSEMPFEHLUNGEN

Die vorliegende acatech POSITION diskutiert grundlegende Aspekte der Frage, wie die Energiewende finanzierbar gestaltet werden kann. Der hier gewählte Akzent auf ordnungspolitische Instrumente zur Verbesserung der Kosteneffizienz gegenüber dem Status quo der energie- und klimapolitischen Steuerung folgt der Überzeugung, dass die ambitionierten politischen und gesellschaftlichen Ziele der Energiewende nur dann erreicht werden können, wenn deren Akzeptanz bei Wirtschaft und Bevölkerung nicht gefährdet wird. Die Politik hat diesen Zusammenhang zwar bereits in den parlamentarischen Beratungen zur Energiewende erkannt und mit der Zusicherung adressiert, dass die Belastungen insbesondere durch den beabsichtigten Ausbau der erneuerbaren Energien das im Jahr 2011 erreichte Niveau nicht übersteigen werden. Zur glaubwürdigen Unterlegung dieser Zusicherung unterbreitet diese Position eine Reihe konkreter Empfehlungen.

Zusammenfassend mahnt sie eine grundlegende Überarbeitung des energiewirtschaftlichen Ordnungsrahmens auf Basis eines kohärenten und konsistenten Gesamtkonzepts an. Statt unkoordiniert weitere Einzelmaßnahmen zu entwickeln, muss sich die deutsche Energiepolitik kurzfristig vor allem auch auf diese konzeptionelle Aufgabe konzentrieren. Dabei zwangsläufig entstehende Zielkonflikte müssen entschlossen entschieden werden, statt sie weiter in die Zukunft hinaus zu schieben.

Die drei wichtigsten Handlungsempfehlungen dieser acatech POSITION lauten:

1. den EU-Emissionsrechtehandel konsequent als Leitsystem der Förderung einer kohlenstoffärmeren Energieversorgung in Europa zu stärken und mittels einer Erweiterung über den Stromsektor hinaus weiter auszubauen;

2. das Erneuerbare-Energien-Gesetz (EEG) schnellstmöglich durch eine langfristig definierte, marktbasierte Förderung, beispielsweise in Form einer Mengensteuerung mit Grünstromzertifikaten (Quotenmodell) zu ersetzen, um so eine effizientere Systemintegration der erneuerbaren Energien voranzutreiben und einen kosteneffizienteren Kapazitätsausbau sicherzustellen, und dieses Förderinstrument dann sukzessive auch auf europäischer Ebene einheitlich zu verwirklichen und

3. die nationalen Maßnahmen im Rahmen der Energiewende in die deutsche und europäische Verhandlungsstrategie auf Ebene der globalen Klimaschutzbemühungen einzubetten und dabei den EU-Emissionsrechtehandel durch Transferleistungen beziehungsweise Seitenzahlungen an Entwicklungs- und Schwellenländer mittels eines Fondsmodells schrittweise zu internationalisieren, um so einen nachhaltigen Erfolg bei der globalen Bekämpfung des Klimaproblems zu ermöglichen.

Zur möglichst kosteneffizienten Sicherstellung der Versorgungssicherheit in Deutschland wird darüber hinaus empfohlen, dringend die bestehenden Mechanismen zur Verlagerung von Kraftwerkseinspeisungen (Redispatch) im Fall von kurzfristig auftretenden Netzengpässen zu verbessern. Ziel ist es, hinreichende Anreize für die Bereitstellung gesicherter Kraftwerkskapazitäten auf *regionaler* Ebene zu gewährleisten und so möglicherweise drohenden Versorgungsengpässen in bestimmten Regionen Deutschlands vorzubeugen. Darüber hinaus sind in den kommenden zwei bis drei Jahren die Vor- und Nachteile der Einführung eines Kapazitätsmechanismus auf nationaler Ebene sorgfältig zu prüfen, mit dem die zu erwartenden zunehmenden Preisspitzen im Stromgroßhandelsmarkt geglättet und somit gegebenenfalls zuverlässigere Preissignale für die Investition in neue Kraftwerkskapazitäten geliefert werden können.

LITERATUR

Appelrath et al. 2012
Appelrath, H.J. / Kagermann, H. / Mayer, C.: *Future Energy Grid. Migrationspfade ins Internet der Energie*, Heidelberg u.a.: Springer Verlag 2012.

Bankenverband 2011
Bankenverband: *Finanzierung der Energiewende: Investitionssicherheit und innovative Lösungen* (Positionspapier des Bankenverbandes zur Energiewende), 2011.

BMWA 2004
Bundesministerium für Wirtschaft und Arbeit (BMWA): *Zur Förderung erneuerbarer Energien, Gutachten des Wissenschaftlichen Beirats beim Bundesministerium für Wirtschaft und Arbeit* (Dokumentation Nr. 534), Berlin 2004.

Böckers et al. 2012
Böckers, V. / Giessing, L. / Haucap, J. / Heimeshoff, U. / Rösch, J.: *Braucht Deutschland einen Kapazitätsmarkt für Kraftwerke? Eine Analyse des deutschen Marktes für Stromerzeugung* (DICE Ordnungspolitische Positionen Nr. 24), Düsseldorf 2012.

BMU 2011
Bundesministerium für Umwelt, Naturschutz und Reaktorsicherheit (BMU): *Erfahrungsbericht 2011 zum Erneuerbare-Energien-Gesetz* (EEG-Erfahrungsbericht), 2011.

Butler / Neuhoff 2008
Butler, L. / Neuhoff, K.: "Comparison of feed-in tariff, quota and auction mechanisms to support wind power deployment". In: *Renewable Energy* 33, 2008, S. 1854-1867.

dena 2005
Deutsche Energieagentur (dena): Dena-Netzstudie I: *Energiewirtschaftliche Planung für die Netzintegration von Windenergie in Deutschland an Land und Offshore bis zum Jahr 2020*, 2005.

dena 2010
Deutsche Energieagentur (dena): *Dena-Netzstudie II: Integration erneuerbarer Energien in die deutsche Stromversorgung im Zeitraum 2015-2020 mit Ausblick auf 2025*, 2010.

DLR 2011
DLR: *Wege zur 100 % erneuerbaren Stromversorgung. Studie im Auftrag des Sachverständigenrates für Umweltfragen*, 2011.

DLR / Fraunhofer IWES / IfnE 2012
DLR / Fraunhofer IWES / IfnE: *Langfristszenarien und Strategien für den Ausbau der erneuerbaren Energien in Deutschland bei Berücksichtigung der Entwicklung in Europa und global. EE-Langfristszenarien 2011*, 2012.

Edenhofer et al. 2011
Edenhofer, O. / Flachsland, C. / Brunner, S.: „Wer besitzt die Atmosphäre? Zur politischen Ökonomie des Klimawandels". In: *Leviathan* 39 (2), 2011, S. 201-221.

Erdmann 2011
Erdmann, G.: *Kosten des Ausbaus der erneuerbaren Energien. Eine Studie der Technischen Universität Berlin im Auftrag von vbw – Vereinigung der Bayerischen Wirtschaft, Bayerische Chemieverbände, Verband Bayerischer Papierfabriken, Verband der Bayerischen Energie- und Wasserwirtschaft*, 2011.

Europäische Kommission 2011
Europäische Kommission: *Energiefahrplan 2050 (Mitteilung der Kommission an das Europäische Parlament, den Rat, den Europäischen Wirtschafts- und Sozialausschuss und den Ausschuss der Regionen)*, 2011.

European Climate Foundation 2010
European Climate Foundation: *Roadmap 2050 – practical guide to prosperous, low carbon Europe*, 2010.

EWI 2012

Energiewirtschaftliches Institut an der Universität zu Köln (EWI): *Untersuchungen zu einem zukunftsfähigen Strommarktdesign. Endbericht zum Gutachten im Auftrag des Bundesministeriums für Wirtschaft und Technologie (BMWi)*, 2012.

EWI / Energynautics 2011

EWI / Energynautics: *Roadmap 2050 – a closer look, Cost-efficient RES-E penetration and the role of grid extensions*, 2011.

Frondel et al. 2011

Frondel, M. / Ritter, N. / aus dem Moore, N. / Schmidt, C.: „Die Kosten des Klimaschutzes am Beispiel der Strompreise für private Haushalte". In: *Zeitschrift für Energiewirtschaft* 35, 2011, S. 195-207.

GDV 2012

Gesamtverband der Deutschen Versicherungswirtschaft (GDV): *Positionspapier des Gesamtverbands der Deutschen Versicherungswirtschaft: Zur Verbesserung der Bedingungen für Investitionen in Erneuerbare Energien und Infrastruktur*, Berlin 23.03.2012.

Greenpeace 2010

Greenpeace: *Klimaschutz: Plan B 2050 Energiekonzept für Deutschland*, 2010.

Haas et al. 2011

Haas, R. / Resch, G. / Panzer, C. / Busch, S. / Ragwitz, M. / Held, A.: "Efficiency and effectiveness of promotion systems for electricity generation from renewable energy sources – Lessons from EU countries". In: *Energy* 36 (4), 2011, S. 2186-2193.

Häder 2005

Häder, M.: „Einspeisevergütungs- und Quotenmodelle zur Förderung der regenerativen Stromerzeugung". In: *Energiewirtschaftliche Tagesfragen* 55, 2005, S. 610-615.

IPCC 2012

IPCC: *Special Report "Renewable Energy Sources and Climate Change Mitigation" of the Intergovernmental Panel on Climate Change*, 2012.

Jägemann et al. 2012

Jägemann et al: *Decarbonizing Europe's Power Sector until 2050 – analyzing the implications of alternative decarbonisation pathways (EWI Working Paper)*, 2012.

Klessmann et al. 2011

Klessmann, C. / Held, A. / Rathmann, M. / Ragwitz, M.: "Status and perspectives of renewable energy policy and deployment in the European Union – What is needed to reach the 2020 targets?". In: *Energy Policy* 39, 2011, S. 7637-7657.

Leopoldina / acatech / BBAW 2009

Deutsche Akademie der Naturforscher Leopoldina / acatech - Deutsche Akademie der Technikwissenschaften / Berlin-Brandenburgische Akademie der Wissenschaften (BBAW): *Konzept für ein integriertes Energieforschungsprogramm für Deutschland*, Juni 2009.

McKinsey 2012

McKinsey: Die *Energiewende in Deutschland - Anspruch, Wirklichkeit und Perspektiven*, Mai 2012.

Matthes 2012

Matthes, F. C.: „Langfristperspektiven der europäischen Energiepolitik - Die Energy Roadmap 2050 der Europäischen Union". In: *Energiewirtschaftliche Tagesfragen* 62, 2012, S. 50-53.

Mihm 2012

Mihm, A.: „Einigung im Streit um Solarstrom-Kürzung". In: *FAZ*, 27.06.2012, S. 9.

Monopolkommission 2009

Monopolkommission: *Sondergutachten 54, Strom und Gas 2009: Energiemärkte im Spannungsfeld von Politik und Wettbewerb*, 2009.

Monopolkommission 2011

Monopolkommission: *Sondergutachten 59, Energie 2011: Wettbewerbsentwicklung mit Licht und Schatten*, 2011.

Morthorst 2003

Morthorst, P.: "National environmental targets and international emission reduction instruments". In: *Energy Policy* 31 (1), 2003, S. 73-83.

Netzentwicklungsplan 2012

50Hertz Transmission / Amprion / TenneT TSO / Transnet BW: *NETZENTWICKLUNGSPLAN STROM 2012 ENTWURF DER ÜBERTRAGUNGSNETZBETREIBER*. URL: http://www.netzentwicklungsplan.de [Stand: 05.07.2012].

Nüssler 2012

Nüssler, A.: *Congestion and Redispatch in Germany. A model-based analysis of the development of redispatch* (Dissertation), Universität zu Köln 2012.

Prognos / EWI / GWS 2010

Prognos / EWI / GWS: *Energieszenarien für ein Energiekonzept der Bundesregierung*, 2010.

Ragwitz et al. 2012

Ragwitz, M. / Steinhilber, S. / Breitschopf, B. / Resch, G. / Panzer, C. / Ortner, A. / Busch, S. / Rathmann, M. / Klessmann, C. / Nabe, C. / de Lovinfosse, I. / Neuhoff, K. / Boyd, R. / Junginger, M. / Hoefnagels, R. / Cusumano, N. / Lorenzoni, A. / Burgers, J. / Boots, M. / Konstantinaviciute, I. / Weöres, B.: *RE-Shaping: Shaping an effective and efficient European renewable energy market. Final report*, 2012.

Sachverständigenrat 2009

Sachverständigenrat: *Jahresgutachten 2009/2010 des Sachverständigenrats zur Begutachtung der gesamtwirtschaftlichen Entwicklung*, 2009.

Sachverständigenrat 2011

Sachverständigenrat: *Jahresgutachten 2011/2012 des Sachverständigenrats zur Begutachtung der gesamtwirtschaftlichen Entwicklung*, 2011.

Schmalensee 2012

Schmalensee, R: "Evaluating policies to increase electricity generation from renewable energy". In: *Review of Environmental Economics and Policy* 6, 2012, S. 45-64.

SRU 2011

Sachverständigenrat für Umweltfragen (SRU): *Sondergutachten „Wege zu 100% erneuerbarer Stromversorgung" des Sachverständigenrats für Umweltfragen*, 2011.

Tindale 2012

Tindale, S.: *Saving emissions trading from irrelevance (CER policy brief)*, London, June 2012.

Weber / Hey 2012

Weber, M. / Hey, C.: „Effektive und effiziente Klimapolitik: Instrumentenmix, EEG und Subsidiarität". In: *Wirtschaftsdienst* 92 (Sonderheft), 2012, S. 43-51.

Weimann 2012

Weimann, J.: *Institutionen für die Beherrschung globaler Commons und global öffentlicher Güter. Kurzexpertise für die Enquete-Kommission „Wachstum, Wohlstand, Lebensqualität" des Deutschen Bundestages*, 2012.

> BISHER SIND IN DER REIHE acatech POSITION UND IHRER VORGÄNGERIN acatech BEZIEHT POSITION FOLGENDE BÄNDE ERSCHIENEN:

acatech (Hrsg.): *Menschen und Güter bewegen. Integrative Entwicklung von Mobilität und Logistik für mehr Lebensqualität und Wohlstand* (acatech POSITION), Heidelberg u.a.: Springer Verlag 2012.

acatech (Hrsg.): *Biotechnologische Energieumwandlung in Deutschland. Stand, Kontext, Perspektiven* (acatech POSITION), Heidelberg u.a.: Springer Verlag 2012. Auch in Englisch als Kurzfassung erhältlich (als pdf) über: www.acatech.de

acatech (Hrsg.): *Mehr Innovationen für Deutschland. Wie Inkubatoren akademische Hightech-Ausgründungen besser fördern können* (acatech POSITION), Heidelberg u.a.: Springer Verlag 2012. Auch in Englisch erhältlich (als pdf) über: www.acatech.de

acatech (Hrsg.): *Georessource Wasser – Herausforderung Globaler Wandel. Ansätze und Voraussetzungen für eine integrierte Wasserressourcenbewirtschaftung in Deutschland* (acatech POSITION), Heidelberg u.a.: Springer Verlag 2012. Auch in Englisch erhältlich (als pdf) über: www.acatech.de

acatech (Hrsg.): *Future Energy Grid. Informations- und Kommunikationstechnologien für den Weg in ein nachhaltiges und wirtschaftliches Energiesystem* (acatech POSITION), Heidelberg u.a.: Springer Verlag 2012. Auch in Englisch erhältlich (als pdf) über: www.acatech.de

acatech (Hrsg.): *Cyber-Physical Systems. Innovationsmotor für Mobilität, Gesundheit, Energie und Produktion* (acatech POSITION), Heidelberg u.a.: Springer Verlag 2011. Auch in Englisch erhältlich (als pdf) über: www.acatech.de

acatech (Hrsg.): *Den Ausstieg aus der Kernkraft sicher gestalten. Warum Deutschland kerntechnische Kompetenz für Rückbau, Reaktorsicherheit, Endlagerung und Strahlenschutz braucht* (acatech POSITION), Heidelberg u.a.: Springer Verlag 2011. Auch in Englisch erhältlich (als pdf) über: www.acatech.de

acatech (Hrsg.): *Smart Cities. Deutsche Hochtechnologie für die Stadt der Zukunft* (acatech bezieht Position, Nr. 10), Heidelberg u.a.: Springer Verlag 2011. Auch in Englisch erhältlich (als pdf) über: www.acatech.de

acatech (Hrsg.): *Akzeptanz von Technik und Infrastrukturen* (acatech bezieht Position, Nr. 9), Heidelberg u.a.: Springer Verlag 2011.

acatech (Hrsg.): *Nanoelektronik als künftige Schlüsseltechnologie der IKT in Deutschland* (acatech bezieht Position, Nr. 8), Heidelberg u.a.: Springer Verlag 2011.

acatech (Hrsg.): *Leitlinien für eine deutsche Raumfahrtpolitik* (acatech bezieht Position, Nr. 7), Heidelberg u.a.: Springer Verlag 2011.

acatech (Hrsg.): *Wie Deutschland zum Leitanbieter für Elektromobilität werden kann* (acatech bezieht Position, Nr. 6), Heidelberg u.a.: Springer Verlag 2010.

acatech (Hrsg.): *Intelligente Objekte – klein, vernetzt, sensitiv* (acatech bezieht Position, Nr. 5), Heidelberg u.a.: Springer Verlag 2009.

acatech (Hrsg.): *Strategie zur Förderung des Nachwuchses in Technik und Naturwissenschaft. Handlungsempfehlungen für die Gegenwart, Forschungsbedarf für die Zukunft* (acatech bezieht Position, Nr. 4), Heidelberg u.a.: Springer Verlag 2009. Auch in Englisch erhältlich (als pdf) über: www.acatech.de

acatech (Hrsg.): *Materialwissenschaft und Werkstofftechnik in Deutschland. Empfehlungen zu Profilbildung, Forschung und Lehre* (acatech bezieht Position, Nr. 3), Stuttgart: Fraunhofer IRB Verlag 2008. Auch in Englisch erhältlich (als pdf) über: www.acatech.de

acatech (Hrsg.): *Innovationskraft der Gesundheitstechnologien. Empfehlungen zur nachhaltigen Förderung von Innovationen in der Medizintechnik* (acatech bezieht Position, Nr. 2), Stuttgart: Fraunhofer IRB Verlag 2007.

acatech (Hrsg.): *RFID wird erwachsen. Deutschland sollte die Potenziale der elektronischen Identifikation nutzen* (acatech bezieht Position, Nr. 1), Stuttgart: Fraunhofer IRB Verlag 2006.

> acatech – DEUTSCHE AKADEMIE DER TECHNIKWISSENSCHAFTEN

acatech vertritt die Interessen der deutschen Technikwissenschaften im In- und Ausland in selbstbestimmter, unabhängiger und gemeinwohlorientierter Weise. Als Arbeitsakademie berät acatech Politik und Gesellschaft in technikwissenschaftlichen und technologiepolitischen Zukunftsfragen. Darüber hinaus hat es sich acatech zum Ziel gesetzt, den Wissenstransfer zwischen Wissenschaft und Wirtschaft zu erleichtern und den technikwissenschaftlichen Nachwuchs zu fördern. Zu den Mitgliedern der Akademie zählen herausragende Wissenschaftler aus Hochschulen, Forschungseinrichtungen und Unternehmen. acatech finanziert sich durch eine institutionelle Förderung von Bund und Ländern sowie durch Spenden und projektbezogene Drittmittel. Um die Akzeptanz des technischen Fortschritts in Deutschland zu fördern und das Potenzial zukunftsweisender Technologien für Wirtschaft und Gesellschaft deutlich zu machen, veranstaltet acatech Symposien, Foren, Podiumsdiskussionen und Workshops. Mit Studien, Empfehlungen und Stellungnahmen wendet sich acatech an die Öffentlichkeit. acatech besteht aus drei Organen: Die Mitglieder der Akademie sind in der Mitgliederversammlung organisiert; ein Senat mit namhaften Persönlichkeiten aus Industrie, Wissenschaft und Politik berät acatech in Fragen der strategischen Ausrichtung und sorgt für den Austausch mit der Wirtschaft und anderen Wissenschaftsorganisationen in Deutschland; das Präsidium, das von den Akademiemitgliedern und vom Senat bestimmt wird, lenkt die Arbeit. Die Geschäftsstelle von acatech befindet sich in München; zudem ist acatech mit einem Hauptstadtbüro in Berlin und einem Büro in Brüssel vertreten.

Weitere Informationen unter www.acatech.de

> DIE REIHE acatech POSITION

In dieser Reihe erscheinen Positionen der Deutschen Akademie der Technikwissenschaften zu technikwissenschaftlichen und technologiepolitischen Zukunftsfragen. Die Positionen enthalten konkrete Handlungsempfehlungen und richten sich an Entscheidungsträger in Politik, Wissenschaft und Wirtschaft sowie die interessierte Öffentlichkeit. Die Positionen werden von acatech Mitgliedern und weiteren Experten erarbeitet und vom acatech Präsidium autorisiert und herausgegeben.